CRACKING
NEUROSCIENCE
YOU, THIS BOOK AND THE MAPPING OF THE MIND

本书翻译获得国家自然科学基金面上项目"社会认知中语言与心理理论加工的功能整合及其神经机制"（批准号：31771253）资助。

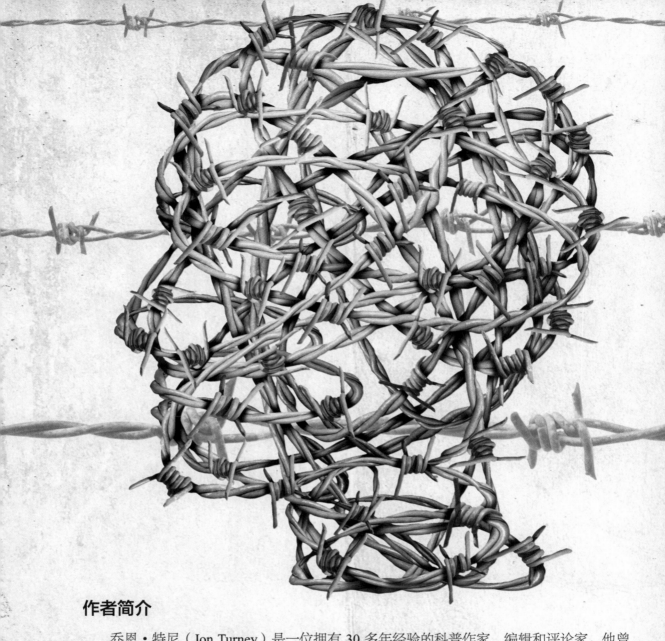

作者简介

　　乔恩·特尼（Jon Turney）是一位拥有 30 多年经验的科普作家、编辑和评论家。他曾在英国各著名高校讲学，包括伦敦大学学院和帝国理工学院，并创建和教授了几门科学传播专业课程。他创作了很多优秀的科普作品，目前定居在英国的布里斯托尔。

"知识新探索"百科丛书
THE CRACKING SERIES

CRACKING
NEUROSCIENCE

神经科学的世界

YOU, THIS BOOK AND THE MAPPING OF THE MIND

[英]乔恩·特尼（Jon Turney） 著

费南希 译

葛鉴桥 审校

电子工业出版社·
Publishing House of Electronics Industry
北京·BEIJING

First published in Great Britain in 2018 by Cassell, an imprint of Octopus Publishing Group Ltd.

Carmelite House

50 Victoria Embankment

London EC4Y 0DZ

版权贸易合同登记号　图字：01-2019-2187

图书在版编目（CIP）数据

神经科学的世界 /（英）乔恩·特尼（Jon Turney）著；费南希译 . — 北京：电子工业出版社，2021.10
（"知识新探索"百科丛书）

书名原文：Cracking Neuroscience

ISBN 978-7-121-42031-3

Ⅰ . ①神… Ⅱ . ①乔… ②费… Ⅲ . ①神经科学—普及读物 Ⅳ . ① Q189-49

中国版本图书馆 CIP 数据核字（2021）第 188786 号

责任编辑：郭景瑶

文字编辑：刘　晓　欧俊波

印　　刷：北京富诚彩色印刷有限公司

装　　订：北京富诚彩色印刷有限公司

出版发行：电子工业出版社

　　　　　北京市海淀区万寿路 173 信箱　　邮编：100036

开　　本：787×980　1/16　　印张：20　　　字数：448 千字

版　　次：2021 年 10 月第 1 版

印　　次：2021 年 10 月第 1 次印刷

定　　价：128.00 元

凡所购买电子工业出版社图书有缺损问题，请向购买书店调换。若书店售缺，请与本社发行部联系，联系及邮购电话：(010) 88254888，88258888。

质量投诉请发邮件至 zlts@phei.com.cn，盗版侵权举报请发邮件至 dbqq@phei.com.cn。

本书咨询联系方式：(010) 88254210，influence@phei.com.cn，微信号：yingxianglibook。

目录

引言

科学，我猜是让我们弄懂世界的最好方式，而神经科学则力图去理解让我们做出"弄懂世界"这件事的东西——脑。这是一份充满着惊奇的事业。脑本身就令人惊讶。它是身体的一个器官，通过帮助我们生存而得以存在。它和心脏、肺、肝、肾一样，是由血液和组织构成的，而这两者自身又包含着组成这些器官的那些极小且复杂地组织在一起的细胞。但是，脑是一个不同于其他器官的细胞的集合。这些细胞以某种方式相互作用并得以实现非凡的壮举。我们的脑不会泵血，不会吸入空气，不会中和毒素或过滤废物，但是看看它都在做些什么——感知、决策、行动、感受、思考。

这些事情是其他器官做梦也不可能做到的，而做梦也仅限于脑。我们自己的脑是唯一可以思考它自身的活的实体。事实上，它是到目前为止我们在宇宙中已知的唯一可以做这件事的东西。

长久以来，以上这些对脑的好奇和疑惑大多限于推测。然而近年来又有了更令人惊奇的新进展：人脑的发展程度已经让它屈服于自己的好奇心，神经科学应运而生。深入脑内部神经系统细胞的精妙的新方法让神经科学这一门学科的出现也变得更加名副其实。科学能够通过惊人的洞见、宏伟的想法、不断突破的概念得以发展进步。而通常，科学是被那些揭示出之前从未见过的事物的先进仪器所驱动着的。神经科学同样如此。

大量的新技术已经产生了汪洋大海般的脑数据，包括人类的脑数据，以及你在本书中将会遇到的其他物种，如蠕虫、海蛞蝓、鱿鱼、果蝇、蜜蜂，甚至是龙虾的脑数据。

研究人员们正在这片汪洋大海中"捕捞"关于脑是如何被构建及如何运作的新见解。我们对于前者知道得多些，但是我们在探索的过程中经常会发现一些新的有趣问题。

目前，脑依旧是一个神秘的东西。对于这团经演化而来的，由细胞、化学物质和电流组成的复合体，没有什么能保证它一定能完全弄懂自己。对脑的思考也是对那个正在思考的东西而进行的思考，这可太难了。但是有一点是确定的，我们如今一定比从前有更多的东西可以去思考。让我们就从这里开始吧。

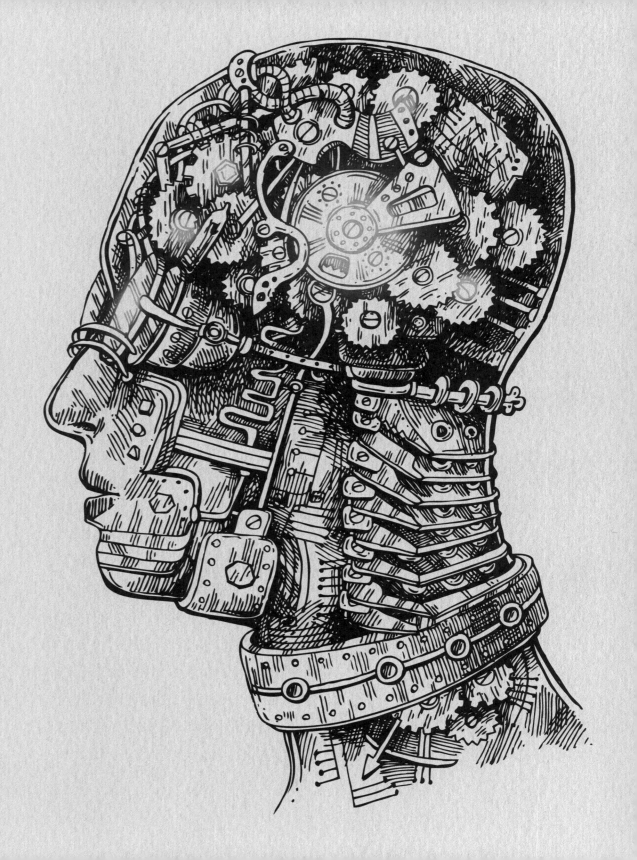

CHAPTER 1
第一章

UNPACKING 拆开脑 BRAIN

脑袋里面

斯坦利·库布里克（Stanley Kubrick）的电影《2001：太空漫游》中的那些猿人在首次打斗时就知道用骨棒直冲对方的脑袋而去。这似乎是一个与脑有关的早期发现：将某人的头骨敲碎，他就再也站不起来了。古人类的遗骸也提示了，这种伎俩在当时很常见。

▲ 颅骨穿孔术（Trepanation）可以追溯到几千年前的很多地方，例如上图展现的就是在丹麦（左边单孔的）和新西兰（右边双孔的）发现的古老颅骨。

有些遗骸展示出了一种更为细致地敲开脑袋的方法。在活人的脑袋上钻孔至少可以追溯到7000年前。他们为何要这样做我们仍不清楚，但这显示出，人们很早就认识到脑袋里面有很重要的东西了。

到了古希腊时期，人们针对脑和心谁是最重要的器官展开了激励的争论。西方医学创始人希波克拉底（Hippocrates）

▼ 下图为斯坦利·库布里克的《2001：太空漫游》中的场景。

在公元前400年前后主张，脑是感觉的所在之地。他当时或许看到有解剖证据显示出感觉神经进入了脑。他还认为，头骨内部那个奇怪的、浆状的团块是思考的核心。这种看法违背了当时长久存在的一个观点，即更加活跃的心脏是一切的核心。与希波克拉底几乎同时代的亚里士多德（Aristotle）则坚持老观点。他宣称，脑是一个被动的、用来冷却血液的"装置"。

希波克拉底的"继任者"盖伦（Galen）研究了动物的脑，并开始对脑中肉眼可见的部分创建理论。那时人们对脑的整体理解还相当粗糙。脑的外层是充满液体的空间，即脑室。他想知道，当液体从神经进入脑室时，感觉是否会由此产生？液压脑（hydraulic brain）的观点一直延续到欧洲文艺复兴时期。当时最伟大的解剖学家维萨里（Vesalius）发表了更详细的脑解剖图，他以科学为由对处决后的罪犯的脑袋进行了解剖。盖伦为后人指明了道路，让人们更多地关注真正的脑组成物，而不是现在被我们称为脑脊液的东西。

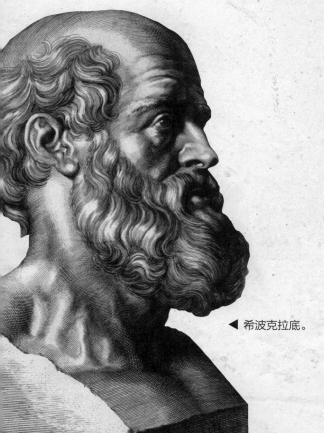

◀ 希波克拉底。　▶ 盖伦。

托马斯·威利斯解剖脑

> "脑是人类理性灵魂（rational soul）的主要所在地，也是动物感性灵魂（sensitive soul）的主要所在地。它是运动和思想的源泉。"

英国解剖学家托马斯·威利斯（Thomas Willis）是脑科学的创始人。他在1664年的杰作《神经解剖》（*Cerebri Anatome*）中给了我们"神经病学"（neurology）这个词。威利斯的神经病学理论仍然包含几种类型的灵魂或精神。他的前辈们将这几种灵魂或精神定位在脑室里。威利斯通过解剖比较不同物种来探索脑结构方面的差异如何解释人类具有不朽的灵魂，而其他动物却没有。

威利斯在牛津（在英国内战期间和之后，这里是知识的温室）取得了医生执业资格。英国内战之后，他对解剖学产生了近乎狂热的兴趣，他的研究对象包括蚕、牡蛎、龙虾和蚯蚓等。他通常将动物和人进行比较。我们可以想象，他正在房间里指导他的学生理查德·罗尔（Richard Lower）对新鲜的尸体进行快速解剖，并且注意到后来由克里斯多弗·雷恩（Christopher Wren）绘制出的那些细节。他们可能尝试过在酒精和醋

◀ 托马斯·威利斯。

中保存脑组织，但效果并不好，因此解剖的速度至关重要。

不知何故，他绘制出了超越以往解剖学家的解剖图。他追踪到了新的神经和血管，并命名了许多不同的软组织。这是神经科学发展中的一个重要阶段。他的工作使神经科学的关注点逐渐从脑室液体转移到了脑的其他关键结构上。

与此相结合的是一个新的理论方法。威利斯将精神疾病与他在已故病人脑中所看到的异常联系了起来。他的想法是，头痛是由流入脑的额外血液使肿胀的血管压迫脑神经引起的。直到20世纪末期，这个观点仍被人们广泛地相信。

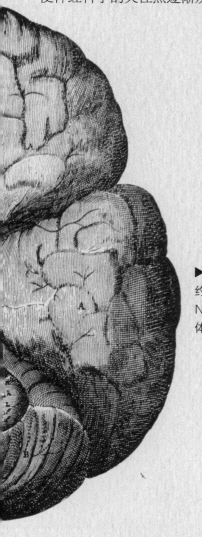

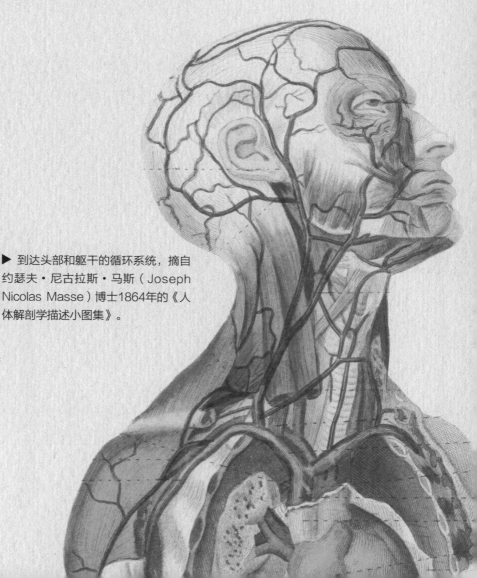

▶ 到达头部和躯干的循环系统，摘自约瑟夫·尼古拉斯·马斯（Joseph Nicolas Masse）博士1864年的《人体解剖学描述小图集》。

失去你的（部分）心智

　　精细的解剖能够建立起一个更清晰的脑结构图景。
脊髓（spinal cord）顶端的这一团软组织（脑）有着复杂
的结构：两个皱巴巴的大脑半球各自都可以被
细分成许多可识别的区域。这些区域被精心地
进行了标注，而这些标注通常用的是拉丁语，这对
现在研究脑科学的学生来说是一个小遗憾。早期的解剖学家看
到的是一条"蠕虫"（拉丁文为vermis，即小脑蚓部）、一只
"海马"（拉丁文为hippocampus，即脑中的海马区）、一座
"小山"（拉丁文为colliculus，即丘）、一个"床室"（拉丁文
为thalamus，即丘脑）。

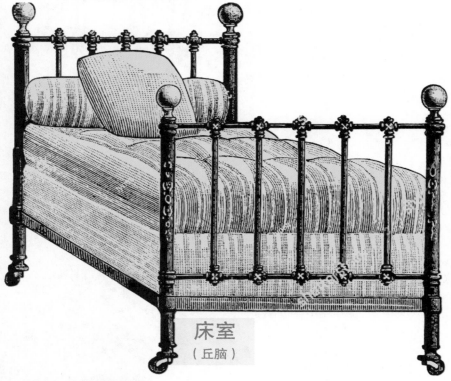

海马
（海马区）

床室
（丘脑）

那么问题来了：脑的不同部位在做不同的事情吗？移除脑的一部分可以为我们提供线索，有时这些线索是因意外事故或疾病而产生的。但是将缺失的部分与功能的丧失相匹配并不是确切的。例如，取出一辆汽车的起动机会使汽车动不了，但它并不是驱动汽车前进的力。不过绘制缺陷图谱能够展示出大脑的哪部分区域涉及哪种活动——这就是大脑定位（cerebral localization）。

1861年，保罗·布罗卡（Paul Broca）展示了一个有关绰号为"Tan"的法国病人的案例研究。他在去世前的21年中已经失去了语言能力，只会说"Tan"这个词，不过当有些事情让他生气的时候，他仍然可以骂人。他死后，布罗卡在解剖他的尸体时在他的大脑皮质左前方发现了一处损伤。再加上其他由卒中或外伤引起的相似案例，布罗卡提出，当这一区域受到损伤时，人们会丧失语言能力或患上失语症，现在这一区域仍被称作布罗卡区（Broca's area）。

不久后，在19世纪70年代，德国的卡尔·韦尼克（Carl Wernicke）定义了另一

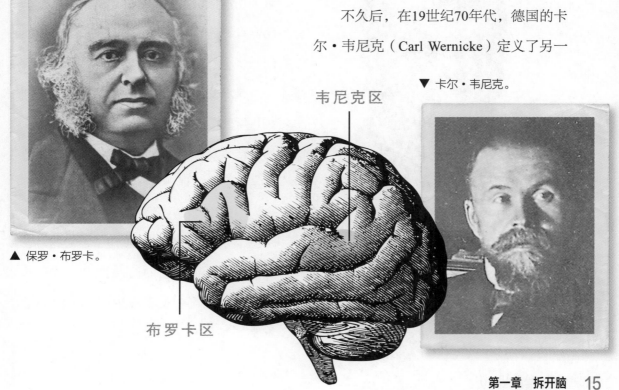

▲ 保罗·布罗卡。

韦尼克区

布罗卡区

▼ 卡尔·韦尼克。

种类型的失语症，患有这种类型的失语症的人仍然可以说话，但他们听不懂他们自己所听到的内容。他将这种损伤定位到大脑皮质中的另一个区域，现在被称作韦尼克区（Wernicke's area）。

布罗卡和韦尼克的发现重新推动了人们对脑功能的定位，驳斥了50年前吉恩·皮埃尔·弗卢龙（Jean Pierre Flourens）的论点。弗卢龙坚持认为，尽管一些功能依赖大脑皮质，但这些功能均匀地分布在脑

▲ 吉恩·皮埃尔·弗卢龙。

的外层。

弗卢龙自己的目标是绘制一张精细入微的脑定位（brain localization）图。这张图类似于颅相学家弗朗茨·约瑟夫·加尔（Franz Joseph Gall）所绘制的那种，并不关注脑内部。他通过分别切除动物脑的各个部分并观测其影响来挑战加尔的理论。他发现脑的区域和功能之间几乎没有特定的联系。尽管批评人士指责说，他将部分脑组织移除可能会同时损伤许多特定的区域，但他的实验仍被广泛地认为破坏了颅相学及与之相关的功能定位的理论。脑的功能依赖的是特定的区域，还是整个脑器官？这个讨论历久弥新，以上是早期的一次小争论。

弗卢龙细心的实验也预示了近年来神经科学的一个重要发现。尽管他知道脑损伤无法痊愈，但他的一些动物在手术后却康复了。我们现在可以将此看作脑器官那令人印象深刻的可塑性的早期证据。也就是说，如果脑的一部分损伤了，它的另一部分可能会最终适应并去做替代工作，这对一些包括卒中患者在内的人来说非常重要。

颅相学

弗朗茨·约瑟夫·加尔是继威利斯之后最伟大的脑解剖学家。但是这位德国人被人们记住并不是因为他那精细的解剖，而是因为他提出的不用钻入头骨内部就可以读懂一个人的性格的观点。18世纪末，他根据两个想法制订了一个美妙的计划。这两个想法是：特定的心理特质与脑的特定区域有关，以及从头部外面可以看出这些区域的大小差异。

加尔挥舞圆规来测量头骨，并以他自己傲慢的风格对被测者的性格进行了评估。他制作了包含27种性格或才能的图谱，包括了欢笑、仁慈、贪得无厌和亲子之爱等。其中8个是人类特有的，与赋予人类艺术、算术等方面能力的区域有关。

在这些头骨的图解模型中，每个区域都有整齐的轮廓，现在看起来挺古怪的。尽管有证据表明，脑并不影响头骨的隆起和凹陷，但他的图解模型却在19世纪受到了重视。

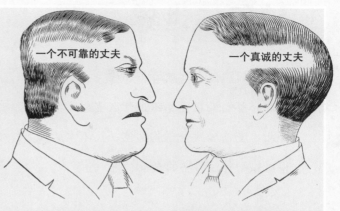

一个不可靠的丈夫

一个真诚的丈夫

▲ 上图是L. A. 沃特（L. A. Vaught）1902年《沃特的实用性格解读》一书的插图，展示了如何从头部和面部的形状定义一个人的性格。

▶ 德国颅相学家弗朗茨·约瑟夫·加尔。

破碎的世界

为知识做出贡献对于那些失去了自己一部分脑的人来说算不上什么安慰。尽管如此，受伤和战争创伤却使一些不幸的人得以推动神经科学的发展。

费尼斯·盖吉（Phineas Gage）是一名美国铁路工人。在用来填塞炸药的重棒穿过他头盖骨的前部后，他竟奇迹般地活了下来。在这次事故后，他的性格有了很

▲ 费尼斯·盖吉。

▼ 这幅发表于1850年的图片显示了费尼斯·盖吉的头部损伤情况，为理解人脑如何工作起到了重要作用。

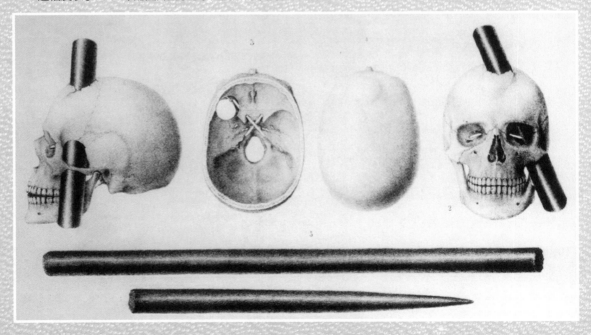

大的改变，那个曾经井井有条的员工变得冲动且满口脏话。盖吉的改变说明从他额叶皮质移除的脑物质涉及控制道德行为的功能。最近，历史学家重新考证了他后来的生活。后来他明显康复了许多，且又有了固定的工作。这也符合当代神经科学对脑可塑性的观点。

20世纪的战争"创造"了更多的研究课题。第二次世界大战后，墨西哥的亚历山大·鲁利亚（Alexander Luria）研究了许多有脑损伤的病人。其中有一个名叫列夫·泽茨基（Lev Zasetsky）的军官，展示出了脑可塑性的可能性和局限性。他一侧头部的一部分被击中，导致他陷入了昏迷。当他恢复意识时，他躲开了盖吉式的性格变化，但是无法看到右边的物体，包括他自己的身体，而且失去了阅读和书写的能力。

鲁利亚为这个人治疗了25年。正如他的经典著作《破碎世界的人》中所记载的那样，泽茨基重新学会了一些技能，甚至还写出了一本长达3000页的日记。鲁利亚的著作将日记的摘抄内容和他自己的评论结合起来，描述了一个人为了让世界看起来更有意义而进行的永无止境的挣扎。泽茨基一直活到1993年，也就是他被击中的50年后，但他从未完全恢复对语言和视觉的运用能力。他留下了一段辛酸的叙述："为什么我的记忆不起作用了？为什么我还没有重获视力？为什么在我疼痛的脑袋里会不断出现噪声？为什么我不能正确地理解人类的言语？重新开始、重新认识我因受伤而失去的世界，将微小零散的碎片重新拼凑成一个单独的整体，这是一项极其糟糕的任务。"

▲ 亚历山大·鲁利亚。

看见神经元

　　托马斯·威利斯可能曾在解剖后通过显微镜观察了脑。罗伯特·胡克（Robert Hooke）曾作为他的助手，与他一起工作过一段时间，而胡克开创性的显微镜使用技术在几年后成了科学界的热门话题。但是，威利斯不曾看见过这么多。脑中有太多的神经元和其他细胞及血管，它们纠缠在一起，导致微观上的细节无法显示出来。

　　直到200年后"生物由细胞构成"的观点已经深入人心后，人们对脑才有了更清晰的观察。1873年，意大利的卡米洛·高尔基（Camillo Golgi）发现了一种新的细胞染色方法。不同于早期的手段，这种方法展示出了整个神经元——包括所有纤细的卷须状连接。最关键的是，染色剂只影响到脑的一层薄片中的一小部分细胞。神经元的基本结构由此被彻底地揭示了出来。

　　10年后，西班牙人圣地亚哥·雷蒙·卡哈尔（Santiago Ramón y Cajal）开始采

◀ 卡米洛·高尔基和他的染色图。

用高尔基的方法，并且一直致力分析神经
元是如何排列的。他声称他已经观察了超
过100万个神经元，这个数目虽然只占总
数的一小部分，但比任何其他显微镜学家
观察到的都要多得多。

　　高尔基也许被自己看到的震惊了，他
坚持认为细胞理论并不真正适用于脑。他
相信自己看到的所有结构都连接在一个巨
大的网络中。卡哈尔则认为神经元仍然是
细胞。他可以看见它们之间无数的连接，
但他认为每个细胞都有边界，细胞之间在
明显的接触点上一定有个间隙，无论这个
间隙有多小。

　　不过，他并没有真正看见这个小间
隙，直至若干年后电子显微镜提高了放大
倍数，这个争论才最终得到平息。尽管高
尔基和卡哈尔对神经元持相反的观点，但
他们在1906年共同获得了诺贝尔生理学或
医学奖。今天，卡哈尔被人们记住，不仅
仅是因为他提出了将神经元看作细胞的观
点，还因为他的艺术技能可以与他的科学
智慧相媲美，他对大脑皮质神经结构的许
多美丽描绘至今仍然值得仔细研究。

▶ 圣地亚哥·雷蒙·卡哈尔和他关于脑显
微结构的描绘图。

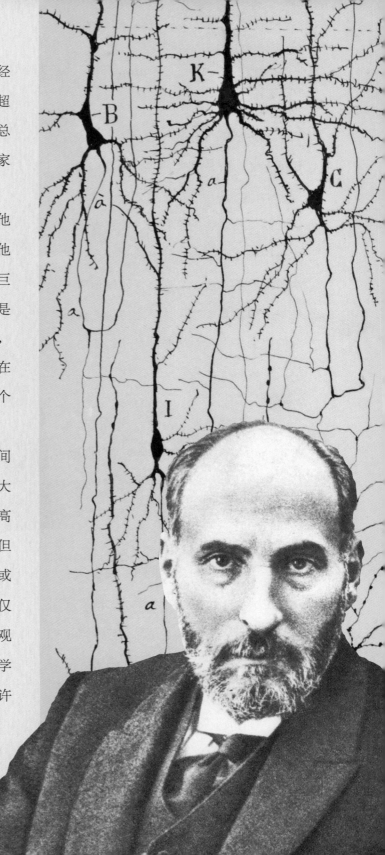

脑波

200年前，玛丽·雪莱（Mary Shelley）让弗兰肯斯坦博士（Dr Frankenstein）用"生命的火花"唤醒了他的怪物。这提醒我们，电在被纳入科学研究后不久，就被认为具有强大的生物学功能。肌肉抽搐的演示所展现出的迹象表明，神经是传输电信号的"电线"，而这些电信号既传向脑，又从脑传出来。

19世纪70年代，德国心理学家有了直接将电流作用于脑的想法。他们很快发现，将一个小电极放置在狗暴露的脑上可以诱发其运动。更系统的研究，特别是斯科特·戴维·费里尔（Scot David Ferrier）所做的研究，为大脑定位增添了新的证据。除了大脑皮质顶部的运动带，费里尔还发现了与视觉和听觉相关的区域。这对于顽固的颅相学家来说又是一次打击，因为被识别出的区域没有一个符合他们粗糙的头部图谱。

对脑进行更精细的电学探测如今仍然

▲ 詹姆斯·惠尔（James Whale）在1932年拍摄的电影《弗兰肯斯坦》展示了人们在实验室里运用电流进行研究的场景。

是一种有用的研究方法。对它的进一步补充是从神经回路的内部电活动中读取电信号，即现在为人熟知的脑电图（简称EEG）。

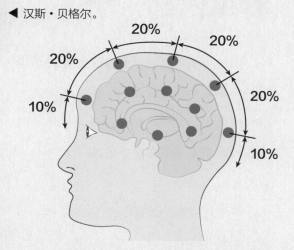

▲ 现代脑电图使用一个小型电极的阵列来进行详细记录。

汉斯·贝格尔和第一个脑电图

有时，坚持是有回报的。1892年，19岁的汉斯·贝格尔（Hans Berger）在一次军事训练中险些被大炮压死，之后他开始专注于测量"精神能量"（psychic energy）。因为那天的晚些时候，他收到了一封意料之外的电报，询问他是否一切都好。这封电报是在他姐姐的催促下发出的，这使他确信心灵感应是存在的。

为了寻找心灵感应的能量来源，他试图测量大脑皮质的血流量，并于1902年在位于耶拿的实验室里开始尝试记录人脑中的电活动。他的实验装置太过粗糙，以致他什么都没记录到，但是他断断续续地坚持了超过20年。1924年，他尝试了一个新的实验装置：他在他儿子克劳斯（Klaus）的前额和后脑勺上安装了两个大电极（锡纸环），以及一个真空管放大器和一个检流计。最终，他发现了克劳斯完整头骨上的电活动踪迹。

他又花了5年时间独自完善了他的研究成果，于1929年发表了他的第一篇论文《脑电波图》。他的成果被德国媒体描述为一面"脑镜子"，但在1934年他的发现在英国被证实之前，其他科学家对此几乎没有任何反应。

看见内部

通过脑电图提取电信号为神经科学提供了一个新的观测途径——在不直接侵入脑的情况下就能获得信息。现代脑科学爆炸式的发展主要依靠这些技术。

第一种技术是计算机断层扫描（Computerized Tomography，简称CT）。它因广泛的医学应用而为人熟知。它利用的是

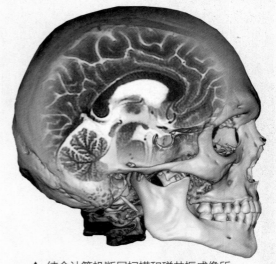

▲ 结合计算机断层扫描和磁共振成像所得到的头骨图像。

一种增强的X射线，扫描所得的薄薄的图层由计算机重建起来，从而显示出精细的结构图像。这种成像方法对软组织不太适用，因此在神经科学研究中不太经常出现，但它可以对肿瘤显示出良好的图像。它在获得血管图像方面也是非常有效的，但需要向人体注射一种化学物质来提高对比度，所以非侵入性也是相对而言的。

还有一种技术是磁共振成像（Magnetic Resonance Imaging，简称MRI）。这种技术看起来就像科幻电影里的东西，只要你体内没有会对强磁场产生不良影响的东西，例如心脏起搏器或金属髋关节，它就可以产生令人惊讶的软组织（包括脑在内）的细节图像。

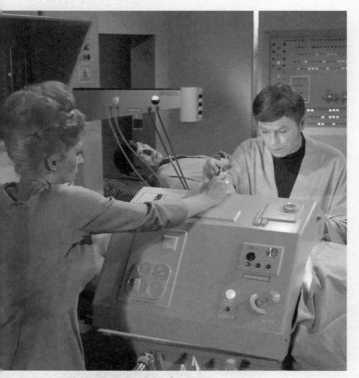

▲ 如果我们真有《星际迷航》中的技术，那么医学扫描将会变得简单得多。

在现代神经科学中，磁共振成像还和其他技术一起搭配使用。现在的脑电图更复杂，而新的脑磁图（简称MEG）也可以用来记录颅骨下的电磁活动。还有一些信息可以通过使用磁场刺激脑部（经颅磁刺激）并监测其结果而获取。

更精妙、更高科技的手段可以产生关于脑化学活动的数据。与X射线一样，这些方法涉及化学注射，但在其他方面是非侵入性的。正电子发射断层成像（Posi-tron Emission Tomography，简称PET）可以追踪被注入体内的放射性示踪剂的轨迹，而这些放射性示踪剂会与特定的化学物质（通常是一种神经递质）结合，从而使这些化学活动被展示出来。神经科学的成像技术和研究手段还在不断增加，所有的这些技术和手段都可以让神经科学家收集到关于脑状态和脑结构的信息，而这些信息在数十年前还无法获得。

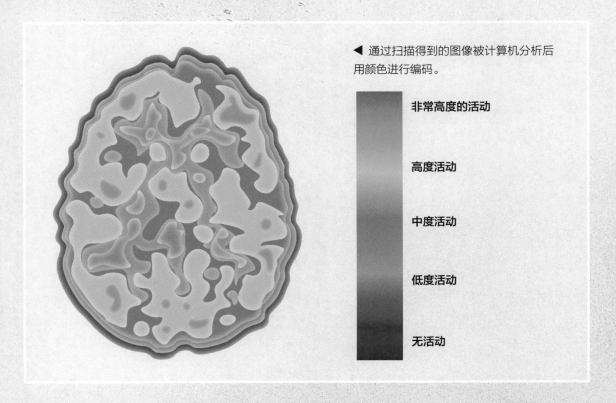

◀ 通过扫描得到的图像被计算机分析后用颜色进行编码。

非常高度的活动

高度活动

中度活动

低度活动

无活动

看见血液

磁共振成像使观察活体脑的内部成为可能。观察活体脑的内部所发生的事情现在已经成为神经科学研究的日常工作。这看似很神奇，但是其结果也具有一定的欺骗性，所以理解磁共振成像的长处和短处都很重要。

磁共振成像利用的是原子核，尤其是氢原子核的磁性。我们不需要因为其物理学原理而烦扰，我们只需要知道它能让我们探测到样本中含有哪些化学元素，以及这些元素在什么地方。常规的磁共振成像会产生非常详细的结构信息。

神经科学中另一个使用较多的技术是功能磁共振成像（functional MRI，简称fMRI）。功能磁共振成像取决于血流量的读数及它携带了多少氧。氧提供能量，因此氧含量的增加可能意味着这附近的某些物质需要能量。神经元需要能量来释放神经递质，因此一个活跃的脑区需要使用更多的氧。功能磁共振成像能显示出这是在哪里发生的。

我们知道脑对血液供给的调节非常紧密且迅速，它甚至可以预期哪些区域将会变得活跃，但是功能磁共振成像中来自扫描仪的血氧响应信号是间接的。真实的脑细胞活动主要还是电活动。

虽然磁共振成像有相当好的空间分辨率，但其可探测的最小区域中仍然有成千上万个神经元，并且它要花费几秒钟来捕获血流增加的数据，而神经元则要比血流变化工作得更快。这意味着，若一个人的功能磁共振扫描显示，他在做或思考某件事时，他的脑的一个区域得到了更多血液，便由此推断这个区域对于这件事的发生是必需的，那么这种推断未免太过简单了。这样的结果需要从多个角度来考虑：该研究一共扫描了多少个人的脑？有没有进行对照比较？还有，和其他观察脑内部的方法相比，例如直接的电活动记录，其结果又是如何的？综合以上信息才能进行推断。

▶ 脑血液供给的树脂模型。

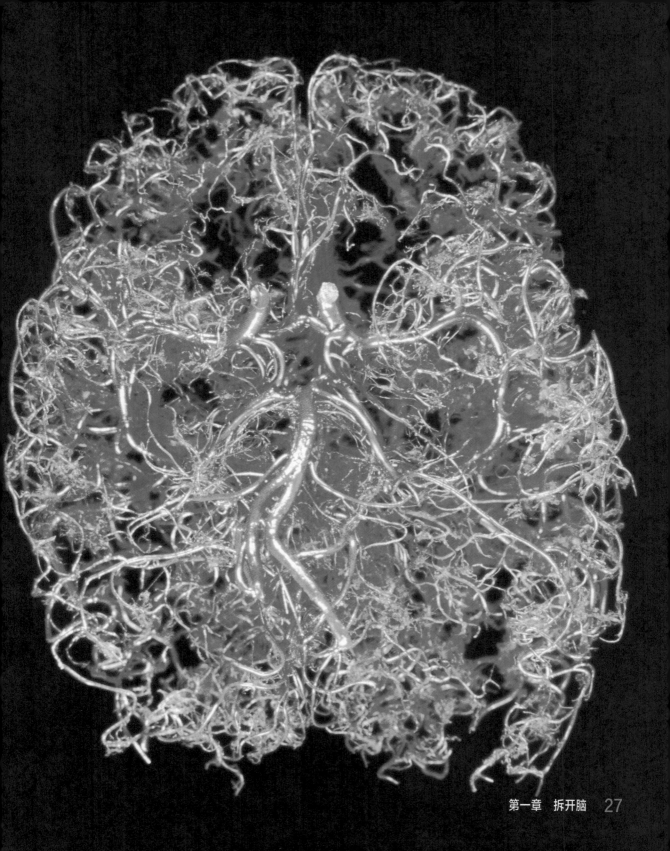

获得信息

从外部获得脑的可解读信息是非常宝贵的。然而，如果你想了解脑内部信号的真实细节，那么没有什么可以代替与脑的直接接触。在所有人都知道神经元可以产生电脉冲很久以后，研究人员依然很沮丧，因为他们找不到足够精细的工具来触碰单个神经元——神经系统的基本操作单元。

这个突破并非来自工程技术方面，而是来自动物学的发现。20世纪30年代，英国生理学家约翰·扎卡里·杨（John Zachary Young）注意到鱿鱼有一种特殊的神经。这种海洋生物需要一种快速的信号来激发它们的喷气推进系统，但是它们从来没有演化出能够实现快速电传导的、绝缘的神经纤维。它们通过从相关的神经元中生长出巨大的神经纤维（轴突）来解决这个问题。其神经纤维的直径长达1毫米，足以让研究人员将一个微小的电极推到其中，并很容易地冲洗掉其中的液体，然后用一种已知的化学物质来代替它。

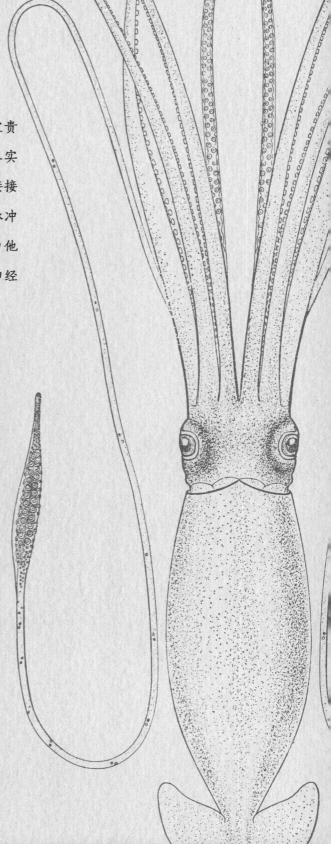

另外两位英国科学家艾伦·霍奇金（Alan Hodgkin）和安德鲁·赫胥黎（Andrew Huxley）装配了一个电极、放大器和记录器，来准确探测鱿鱼的轴突内部在每一毫秒发生着什么。1939—1952年，他们研究出了带电离子通过神经膜时的突然运动是如何传递神经脉冲的，这是我们从现代分子水平理解神经回路如何传输信号的基础（详见第四章）。1952年，他们在一系列历史性的论文中发表了研究成果。

现在，我们已经可以在包括鱿鱼在内

◀ 安德鲁·赫胥黎。

的多个物种身上记录单个神经元的放电过程了。事实上，研究人员还可以在更小的尺度上记录信号，他们所使用的技术包括将一部分神经膜轻轻地吸到一个大概有1微米宽的玻璃电极的顶端。德国神经科学家伯特·萨克曼（Bert Sakmann）和厄温·内尔（Erwin Neher）在20世纪70年代证明，这个方法可以分离神经膜上带电离子通过的单个通道，从而让研究人员弄清楚它们是如何受到控制的。他们和前面那两位英国科学家一样，共同获得了诺贝尔生理学或医学奖。

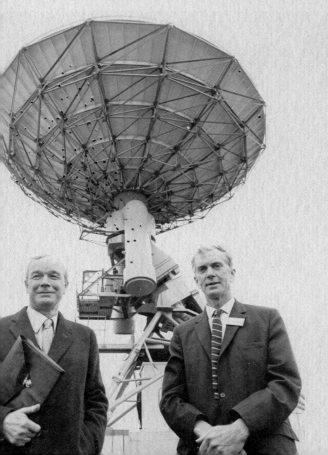

◀ 艾伦·霍奇金和无线电天文学家、诺贝尔奖获得者马丁·赖尔（Martin Ryle）。

用光来标记

脑的结构是层层叠叠的。新的成像和标记技术仍在帮助研究人员确定细胞、细胞连接网络，以及脑内部更大规模的相互作用。

双光子显微镜技术将花哨的分子生物学和复杂的物理学结合起来，产生了迄今为止最好的神经元图像。它使用明亮的红外激光来照亮样本。如果红外激光落到正确的分子上，它就会吸收两个光子（因此而得名），然后发射出一个可见光光子。该技术的物理属性意味着它能够快速扫描活体组织。这项技术所使用的荧光靶必须被人工导入组织中。当荧光靶被注射到单个活神经元中之后，这种化学物质会很快扩散到细胞的所有分支上。根据研究人员卡罗·斯弗波达（Ka-

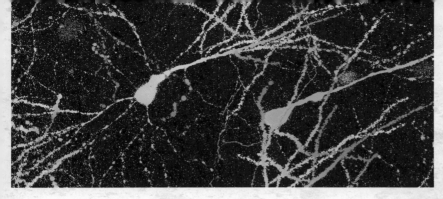

▲ 用绿色荧光蛋白标记的小鼠的神经元。

rel Svoboda）的说法，它像一棵圣诞树一样被点亮了。

真正的回报来自这项技术与基因操作的结合。一些水母和珊瑚制造的蛋白质会发出略显怪异的绿色荧光，而这种蛋白质基因可以通过一种工程病毒进入发育中的小鼠的神经元中。当这些外源DNA正常工作时，大约每1万个神经元中就有一个神经元会产生自己的荧光蛋白。与高尔基染色剂一样，当被适当频率的激光照射时，这种选择性有助于形成完整清晰的图像。

更重要的是，这项技术不会造成任何伤害。研究人员可以在完整的脑中一遍又一遍地拍摄同一个神经元的图像，这使他们能够追踪细胞结构和连接中最微小的变化，这对测试记忆理论有很大的帮助（见第七章）。

既然荧光蛋白是人工添加到神经元中的，那么研究人员也就不用必须使用像水母那样在自然界产生出的蛋白质。这样也会很无趣。比如，现在蛋白质工程师正在制造荧光蛋白，它可以与其他细胞成分相结合，以记录钙水平的变化。其结果本质上是一个黑暗的神经元，但当它发放时，它在显微镜下就会亮起来，这是实时成像脑活动的本质。

◀ 在夜间发出荧光的炮仗花珊瑚（Tubastrea hard coral）。

人脑连接组

　　使用新仪器观察脑而积累的宝贵知识鼓励着神经科学家进行更宏大的思考。目前最宏伟的计划是绘制一张完整的人脑神经元之间所有的连接，即所谓的人脑连接组（connectome）的图谱。这是很疯狂的雄心壮举。人脑连接组计划所涉及的神经元和回路数量之大，让仅仅对30亿个单位基因进行测序的人类基因组计划看起来轻而易举。

　　人脑连接组计划于2009年启动，从使用磁共振成像探索脑开始。磁共振成像的一个分支是弥散张量成像（Diffusion Tenser Imaging，简称DTI），它可以探测神经纤维的方向，并在一个相对大的尺度上绘制出脑的基本连接图——一次可以绘制出数千条神经纤维。

　　该计划已经公布了一张大脑皮质的新图谱，它基于对210名成年人的脑进行扫描，并利用机器学习的算法分析所产生的海量数据。这张图谱描绘出了180个不同的皮质区域，其中超过一半是人类之前未知的，这表明我们的脑还有很多有待被发现的东西。

　　还有一些研究小组正在对我们或其他物种的脑的

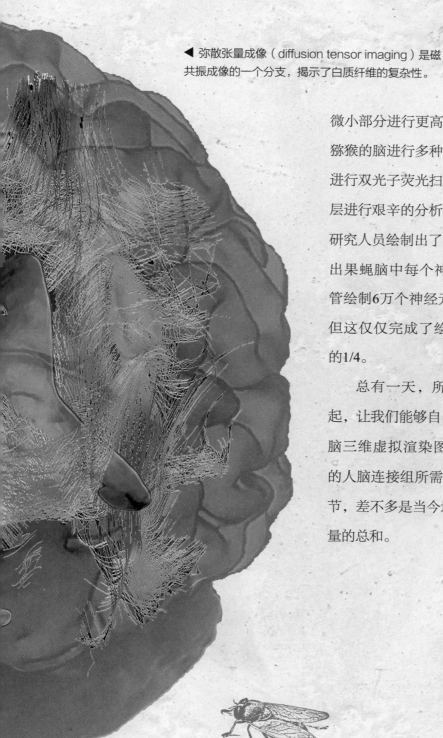

▶ 弥散张量成像（diffusion tensor imaging）是磁共振成像的一个分支，揭示了白质纤维的复杂性。

微小部分进行更高分辨率的测试，例如对猕猴的脑进行多种协同成像、对小鼠的脑进行双光子荧光扫描、对果蝇的脑图像片层进行艰辛的分析等。上述第三种方法使研究人员绘制出了三维图谱，它可以显示出果蝇脑中每个神经元的每条连接。尽管绘制6万个神经元就花去了10年时间，但这仅仅完成了绘制果蝇神经系统工作的1/4。

总有一天，所有的技术将汇集在一起，让我们能够自由地浏览任意尺度的人脑三维虚拟渲染图。据估算，一个完整的人脑连接组所需的数据存储量为10^{21}字节，差不多是当今地球上所有计算机存储量的总和。

为脑画像

　　各种各样的成像技术与绘制图谱的方法为研究脑提供了有力的支持。它们越过杂乱无章，将人们感兴趣的关键特征可视化。这可能会让我们认为脑这个固态的但又像果冻一样的器官的里面很宽敞。

　　磁共振成像所生成的图像有其自身的局限性，在查看细胞图像时需要牢记这一点。假设你被缩小到一个中等大小的蛋白质分子那么大，并且可以在脑细胞之间"游

▶ 大脑皮质的细胞团：树突用红色和橙色显示，轴突用蓝色和绿色显示，胶质细胞分支用黄色显示。

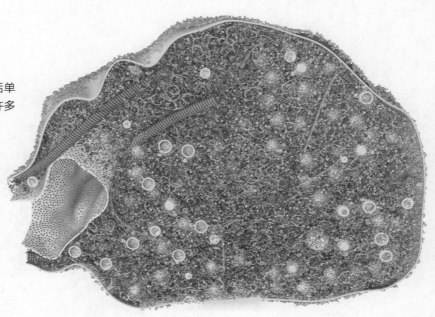

▶ 一个突触中的分子团：包括单个突触扣结及对它进行补充的许多不同的蛋白质。

荡"，你将会注意到的最主要的一件事是脑中极度拥挤。脑中的每个区域都尽可能被塞得满满的。

这让我们很难看清楚脑是如何构成的。大多数关于细胞和它们之间连接的图谱的绘制都效仿了卡哈尔的方法。卡哈尔使人们准确地看到了单个神经元，这是因为高尔基的新染色法让他略过了大部分神经元。

但是现在的一些研究人员把其他细节都补充了进去。哈佛大学的研究人员在一个边长为100微米的立方体（其体积相当于单个神经元的体积）内进行了与精简相反的重建，显示出了小鼠大脑皮质胶质细胞的所有树突、轴突和分支。

脑中的景观在更小的尺度上也同样复杂。一个值得注意的例子是，研究一个神经元与另一个神经元的连接点和附近所有蛋白质，重建突触的实际样子，从而绘制出一张能显示每个突触的图像。上图这个叫作"突触扣结"的区域通常被描绘成一个填满了像快递小包裹一般的神经递质小泡的团块。

这些图像除相当漂亮外，还提醒我们，绘制脑的图像总要经历一种权衡取舍。我们要省略足够多的细节，以便看到重要的东西，但又不能省略太多，以致丢失脑的重要特征。

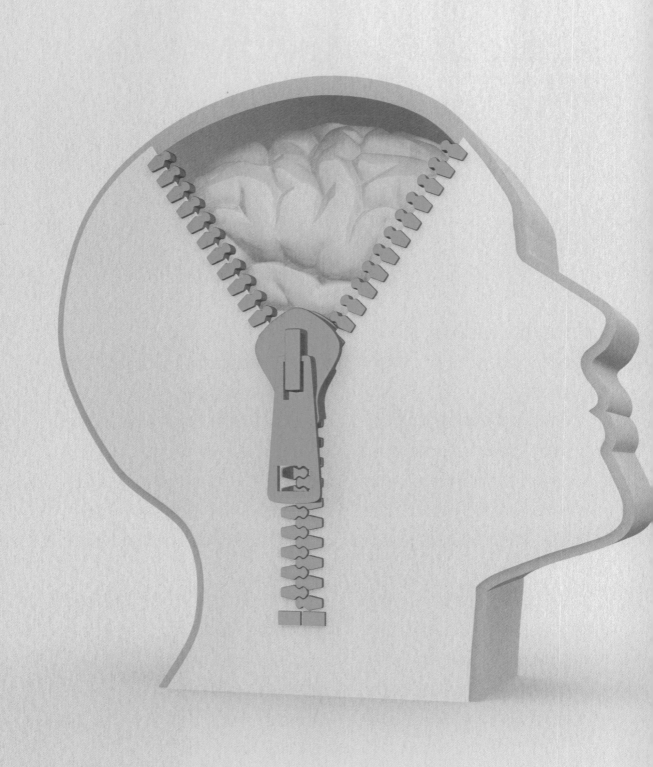

CHAPTER 2
第二章

开始熟悉
GETTING ACQUAINTED

脑结构——从解剖到分子

你可以通过两种方式进入脑——自上而下，或自下而上。无论你选择哪种方式，都有许多层次结构需要考虑——从脑区连接在一起的方式到细胞内的分子运动。神经科学倾向于简化论（reductionism）——把一个东西拆开来看它是如何工作的。而整体论（holism）——将收集到的零碎东西看作一个有自己规则的整体系统——也总有它的拥护者。这两者并不相互排斥。你可以努力理解最微小的部分，同时承认它们在一个更大的总体结构中发挥的作用。我们应该通过考察细胞、回路和分子，还是通过研究行为来了解我们的脑是如何运作的？最好的答案就是两个都试试。

▼ 你在想什么？

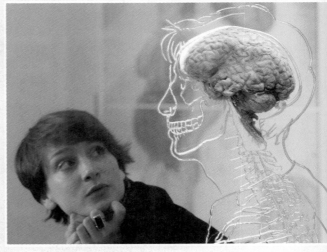

大多数神经科学家在他们感到舒适的"中间地带"工作，他们需要了解脑的各个层次结构的基础知识。本章概述了其中较大的结构，而我们会在第四章更详细地解释细胞和分子。

让我们从头开始。神经系统包括脑和进出身体其他部位的神经。十几对脑神经主要服务于头部，直接与脑相连。另外还有31对神经从脊髓延伸出来。

观察没有被放大的脑，我们可以大致将它分成三个区域，而每个区域都有充满液体的空间（脑室）和软的细胞组织。

* **后脑（hindbrain）** 位于脊髓的顶端。在这里，脑干首先生长到髓质中，髓质支持呼吸和心跳，并与小脑相连。小脑是一个参与平衡和运动的"微型器官"。

* **中脑（midbrain）** 区域较小，包含了一堆神经元（被称为核，请不要与细胞核混淆）。这些神经元参与了脑的基本功能，如保持清醒。

* **前脑（forebrain）** 是最大的区域。它包括我们熟悉的褶皱样的大脑皮质（人类比其他任何物种发育得更多的部位），以及其他许多更小的部位。

下面，我们将更详细地介绍这些部位。

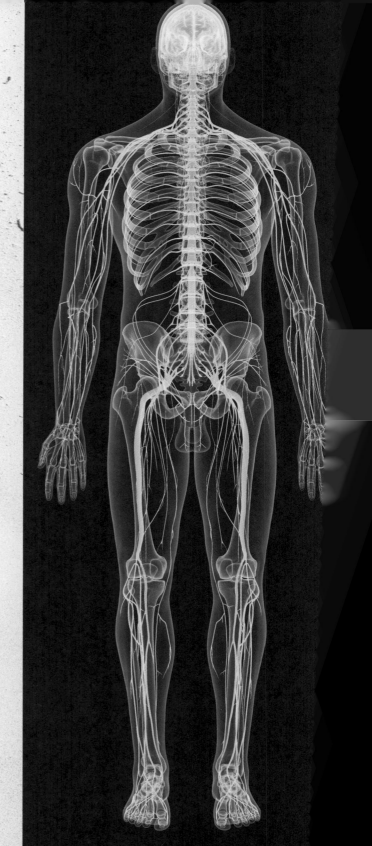

▶ 人类神经系统的主要通路。

为各部分命名

前脑包括许多不同的结构和区域。它们的名字大多没有什么特别的含义，但有些有助于基本定位。大脑皮质是一层有许多褶皱和凹槽的薄层，分成两部分（两个大脑半球），这两部分由一条粗厚的神经束——胼胝体（corpus callosum）连接。胼胝体是白质的一部分，主要是神经纤维。人们估计，脑中的神经纤维共有161000千米长。白质与细胞所在的灰质形成对比。在已死亡的人的脑中，灰质是灰色的，但在活着的人的脑中，灰质是粉红色的，因为那里有血液流动。

大脑皮质在大尺度上被划分为两个左右都有的条带——运动皮质和感觉皮质，以及四个脑叶——额叶、颞叶、顶叶、枕叶。这些脑叶在两个大脑半球中都各有一个。

大脑皮质包围着一系列重要的小结构。丘脑是一块主要涉及整合脑其他部分工作的组织。位于它下面的只有豌豆大小的下丘脑（hypothalamus）与激素作用、饥饿、口渴，以及体热和性兴奋有关。海

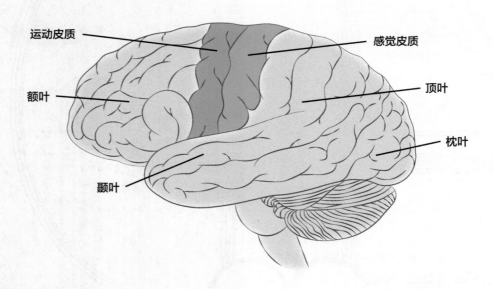

运动皮质
感觉皮质
额叶
顶叶
枕叶
颞叶

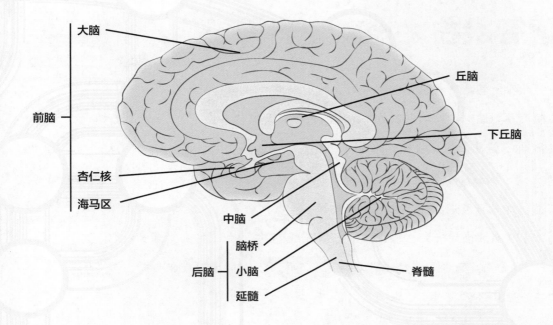

大脑

丘脑

前脑

下丘脑

杏仁核

海马区

中脑

脑桥

后脑　小脑

延髓

脊髓

马区是皮质的一部分，对储存、定位和提取记忆至关重要。

　　杏仁核"依偎"在海马区附近。杏仁核与情绪有关，还可以让人们的记忆带上些许愤怒、恐惧、嫉妒或悲伤的色彩。

　　所有这些结构在解剖时都可以被看见，不过运动皮质和感觉皮质看起来和大脑皮质的其他部位是一样的，它们只在利用电刺激脑时才能被分辨出来。它们都包含许多神经元和连接。给这些脑结构和区域命名和分配功能的前提是假设脑将东西放在不同的"隔间"中。从某种程度上

说，事实确实如此。用术语来讲，脑是模块化的。脑的各部位错综复杂地连接在一起，它们相互合作，有时又彼此对立。

　　脑的某些部位还会弥补其他部位缺失的功能，这让人很难弄清楚是什么服务于特定的功能。一个奇特的例子是：一名妇女做磁共振成像，扫描出的图像显示，她生下来就没有小脑。她说话有点儿口齿不清，步态也不寻常，但她已经结婚生子，而且仅在24岁时才做过一次体检，结果显示其脑脊液过多。

理智所在之地？

相对于其他物种来讲，人类的大脑皮质很大，但观察整个脑时，人们也容易高估它的大小。大脑皮质是一层覆盖在大脑外层的薄薄的灰色（粉色）物质，其厚度不超过5毫米。它主要在一个维度上进行扩展。如果将我们头骨里的大脑皮质摊平，我们会看到如2平方米桌布大小的一大片细胞。尽管大脑皮质很薄，但它的质量通常会超过1千克。它占脑质量的4/5左右，但其神经元的数量可能仅占神经元总数量的1/5。

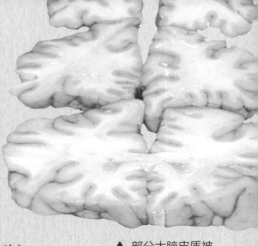

▲ 部分大脑皮质被摊平。

大脑皮质中的凸起和凹陷有自己的名字，分别是脑回（gyri）和脑沟（sulci）。据我们所知，它们没有任何特殊的意义。

在更小的尺度上，大脑皮质的基本单元看起来大致呈圆柱结构，其直径大概为0.5毫米。每个圆柱结构通常包括1万个神经元和多达100万个突触。在大脑皮质中一大部分被称作新皮质（neocortex）的区域里，每个圆柱结构都显示出6个细胞分层，这些细胞分层在神经元的类型、大小和密度方面有着不同的组织方式。有些层主要用于大脑皮质不同部分之间的连接（在大脑的

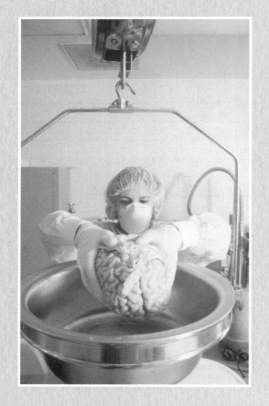

◀ 我们大脑表面的褶皱使大脑皮质的面积变得更大。

多形细胞层

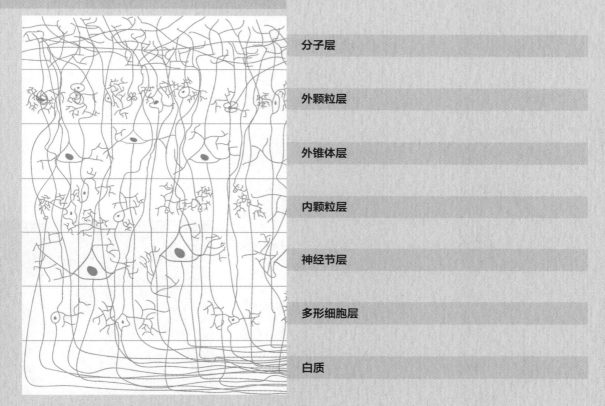

分子层

外颗粒层

外锥体层

内颗粒层

神经节层

多形细胞层

白质

两个半球内部或之间），有些则连接到脑的其他区域。

大脑皮质已被人们用各种方式绘制成图谱。第一张有用的图谱基于20世纪初德国科比尼安·布洛德曼（Korbinian Brodmann）对细胞类型的显微观测绘制而成。他所编号的40多个区域直到现在还被使用。如今，已经有更多的区域被识别出来，而我们看到，大脑皮质或多或少地参与了大脑的一切活动。除语言等更高级的认知功能外，大脑皮质还有一些区域专注于视觉、听觉、运动控制、触觉、味觉和嗅觉等功能。正如费尼斯·盖吉的案例（他的额叶大面积受伤，导致眶额皮质和内侧前额叶皮质的大块区域被移除）告诉给我们的，这些区域的大脑皮质有助于塑造性格和行为。

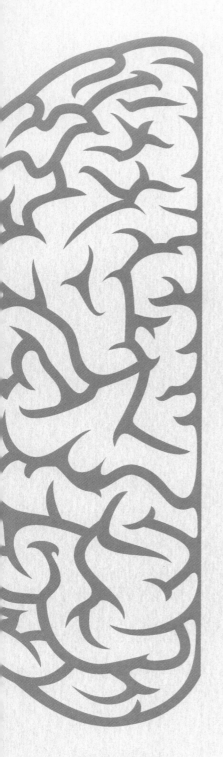

一个大脑: 两个半球?

我们的大脑有两个半球。几乎所有的脑结构都是成对出现的。大脑皮质在两个对称的半球之间有一条明显可见的缝隙。肥厚的神经束在两个半球之间形成了成千上万的连接。

这种双侧结构与许多物种的整体身体结构相匹配。它是我们这个世界的一个基本特征，以至于我们忍不住推测，这大概就是我们倾向于从对立的角度（光明/黑暗、好/坏、是/不是……）来思考事物的根源。

大脑仔细地分配着一些基本工作。左半球的运动皮质控制着身体右侧的运动，反之亦然。大脑两侧的视觉皮质有着更微妙的分工。右眼解读的信号并非来自左眼，而是来自每只眼睛的左侧视野。

其他一些功能则通常偏向大脑的一侧。例如，90%的人是右撇子，他们能够更好地用大脑的左半球来控制右手手指的精细运动。类似的是，与语言使用有关的布罗卡区和韦尼克区通常也位于大脑的左半球。不过，对于一些左撇子来说，语言功能区在他们大脑的右半球也有所发育。

这种鲜明的划分引发了许多关于大脑两侧细微差别的研究，某些发现像谜一般。一些研究人员对那些想要将自己一条看起来健康的腿截掉的人进行了研究。这些人觉得他们想截掉的那条腿不属于他们自己。研究采样中的大多数人希望切除的是他们的左腿。磁共振成像结果显示，他们大脑的右半球有着明显的不同，但我们不知道是什么将他们对肢体的感觉、对摆脱肢体的渴望，以及肢体的活动联系在一起的。

◀ 大脑的两个半球由胼胝体紧密相连，它在左侧图中由弥散张量成像显示为红色。

裂脑

　　人们在失去大量的脑组织之后仍能活下去。外科医生有时会切断严重癫痫患者的大脑半球之间的主要连接物质——胼胝体。这是阻止癫痫从大脑的一侧扩散到另一侧的最后努力，这种方法也为进一步的大脑研究提供了有趣的受试对象——裂脑患者。

　　癫痫患者在上述手术后没有表现出任何异常，在日常生活中也能正常与他人互动。美国研究人员罗杰·斯佩里（Roger Sperry）在他的第一个研究课题中这样写道："在随意交谈中，人们几乎不会发展他有什么不寻常的地方。"但他在20世纪60年代曾表明，这些人分裂的左右大脑在某些方面是各自作为独立的系统运行的。

　　斯佩里和他的学生迈克尔·加扎尼加（Michael Gazzaniga）发明了一项实验——让大脑的两个半球接受不同的刺激。例如，他们在患者视野的一侧闪烁某个东西且让他的眼睛没有时间移动，这样他大脑的另一侧就能"看到"这个东西。通过这种方式，他们发现患者的语言功能被锁定在了左半球中。患者不能在其视野的左侧（该侧的信号被右半球处理）阅读

▲ 罗杰·斯佩里。

任何东西，不能用左手写字，也不能对涉及左臂和左腿的指令做出反应。但是在患者被蒙住眼睛后，他可以用左手来感知物体。

　　这是大脑的两个半球相对独立的有力证据。斯佩里在报告中说，这项实验中的

患者可以用双手一起做事，但有时左手可能会"分心"去做独立的甚至是对抗性的活动，这会很麻烦。

后来，还有一些患者表现出了更戏剧性的冲突。有一个不同寻常的孩子，他的两个大脑半球都有语言能力，当问题分别针对他大脑的某一侧时，他会给出不同的答案。例如研究人员问："你长大后想做什么？"一侧半球给出的回答是"一名赛车手"，而另一侧半球给出的回答是"一个绘图员"。对这名患者来说，成语"左右为难"照进了现实。

▶ 是谁说了算？裂脑患者的两个大脑半球可能有不同的追求。

超越左与右

两个大脑半球之间的鸿沟给人留下了如此深刻的印象，以致人们一直以来都沉迷于分析某项功能是左半球的还是右半球的。这种迷思将两个大脑半球之间明显的分裂、斯佩里等人发现的奇怪结果、大脑定位的一些粗糙特征，以及每个人都有一个优势大脑半球的暗示统统联系在了一起。

这种迷思的基本想法是，有些人（左大脑者）有更好的逻辑、数学及语言能力，有些人（右大脑者）则不那么有条理，而更具创造性或艺术性。这样一个简单的二分法应该会让任何对大脑有更多了解的人产生更多的疑惑，但是它因为简单且有吸引力而一直存在。

有几个方面可以说明这个二分法是错的。几乎没有任何一项功能只集中在一个大脑半球。复杂的认知功能可能依赖大脑的某些可识别的区域（比如布罗卡区），但一般也涉及其他区域。对于那些有完整的胼胝体的人来说，大脑的两个半球持续地进行着互动，一起帮助我们对特定情况做出特定反应。

一个半球的输入和输出是否会因优于另一个半球而占主导地位？这似乎不太可能。2013年，犹他大学的一项研究运用磁

▶ 那种认为分析和创造能力分别集中在不同的大脑半球的说法过于简单了。

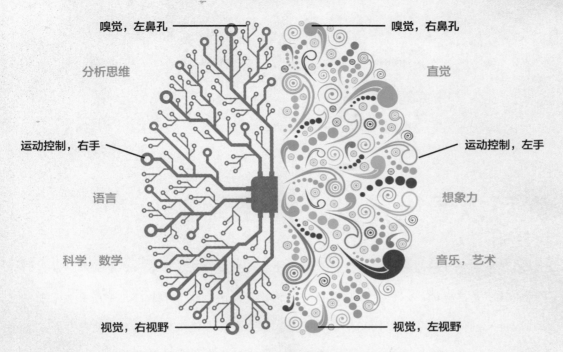

左大脑　　右大脑

嗅觉，左鼻孔

分析思维

运动控制，右手

语言

科学，数学

视觉，右视野

嗅觉，右鼻孔

直觉

运动控制，左手

想象力

音乐，艺术

视觉，左视野

▲ 左大脑和右大脑的优势对比。红色标签须持怀疑目光来审视。

共振成像技术分析了这个问题。研究人员搜集了来自神经科学数据库中1011个人的脑扫描数据，并测量了他们大脑的每个半球中数千个位置的灰质密度。

分析表明，某些特定的功能（例如语言加工）所涉及的脑网络集中在一个大脑半球中。但是，研究人员并没有发现证据来表明就整体而言一个半球比另一个半球更有影响力。

此外，尽管优势半球的想法有时与假定的男性和女性之间的差异有关，但是研究人员在报告中说，他们并没有在样本中测量到与性别相关的差异。

这并不意味着人们在性格或思维方式中没有传说中的那种"左大脑者"或"右大脑者"差异，但即便有这种差异，也并不是因为他们大脑的一个半球比另一个半球产生了更大的影响而形成的。

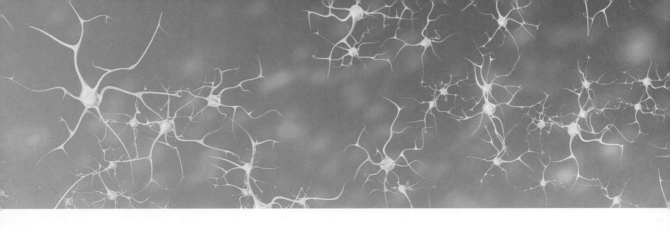

你可以看见多少个神经元？

　　科学中通常有一些你可以相信的数字，比如真空中的光速、电子的电荷等。神经科学中呢？就不是这样的。以成年人脑中神经元的数量为例，数十年来，几乎所有关于脑的文献都告诉人们，人类平均有1000亿个神经元。似乎没有人能确定这个可疑的整数是从哪里来的。但是，从更方便的角度来说，它大致上与银河系中恒星的数量相当，这无疑引发了人们更多的惊叹。

　　可想而知，要数清那么多的东西，一定会用到抽样和统计数学。在几年前，人们将这个被广泛引用的数字1000亿降到了860亿。这一调整以一项研究为基础。该研究的研究人员将几个人脑（中年男性的脑）的组织完全分解开，并计算了

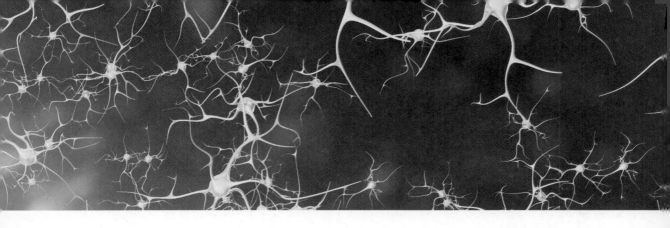

其中的染色细胞核的数量。该研究采取的方法克服了神经元很难被看见这一困难，规避了脑的不同部分的细胞密度会有所不同的问题。虽然这种方法较其他方法更精确，但是它也只能算是当前最好的估算方法而已。

这样的方法也适用于统计其他细胞，例如统计各种类型的神经胶质细胞数量，其数量现在被认为与神经元的数量大致相当。

一本颇受欢迎的教科书把脑描述成"一张复杂的神经膜"。一个典型的神经元的表面积为25万平方微米，那么860亿个神经元的总表面积就为21500平方米，大概有3个足球场那么大。

科学需要数字，但是记住，细胞世界中的数字通常是近似值。这似乎意味着，如果你可以数数，而且非常细心地去数，那么你就可以对神经科学做出独特的贡献。

小，但有影响力

大脑皮质的大小和复杂程度很容易使人眼花缭乱，但是我们还需要知道脑中更古老、更小的区域，它们同样很重要，比如杏仁核及其附近的下丘脑。这两者都是相对较小的区域，但仍包含许多子区域。两者都与脑的许多其他区域密切相连，并且有助于有意识和无意识地调节活动。

杏仁核

杏仁核主要与情绪有关。它似乎是感官信息的第一个目的地，并且能够触发快速的情绪反应。这些感官信息可能会通过大脑皮质的进一步考量而得到修正，但是这种考量滞后于从杏仁核发出的无意识的反射反应。杏仁核中的不同部位与攻击性和焦虑有关。它似乎也是本能性恐惧（比如对蛇的恐惧）及一些我们习得的恐惧的根源，特别是当这些恐惧与引起身体疼痛的事件有关时。

下丘脑

下丘脑只有几克重，可触发愤怒和攻击，也可调节基本需求和食欲。它与自主神经系统紧密相连。自主神经系统无须意识控制，它可以对感知到的危险做出"战斗或逃跑"的反应，例如使心跳加速、血管扩张，或者使人起鸡皮疙瘩。它还会影响激素的释放，产生级联效应，进而对激素信号做出反应。

脑的这两个区域仍然使研究人员颇费脑筋，因为它们还涉及包括社会行为在内的许多其他重要特性。从演化的角度来看，它们相对古老，但这并不意味着它们只做些基本的事情。纽约大学的研究人员约瑟夫·勒杜（Joseph LeDoux）等杏仁核专家认为，人类的脑依赖情感中枢及那些以更复杂的方式处理信息的部分来驱动决策和行动。勒杜或许还是目前唯一的神经科学摇滚乐队"杏仁岩"（the Amygdaloids）的领头人。

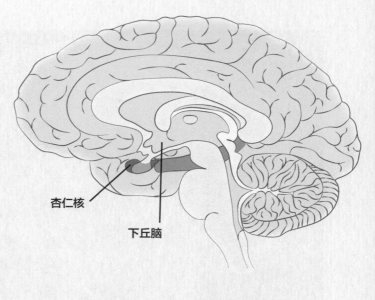

杏仁核

下丘脑

▼ 一些声音会让人毛骨悚然，这是由杏仁核触发的。

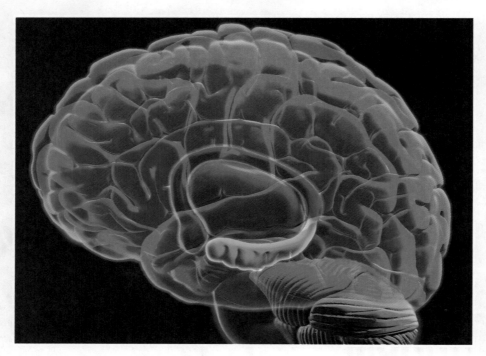

▲ 海马区和脑的其他部分一样，有着对称的两半。它位于颞叶的下方。

海马区

我们对记忆的了解不是很透彻，但可以肯定的是，记忆的发展依赖海马区。这个小小的区域不是记忆被储存的地方（见第七章），而是一个交换场所。它帮助处理那些正在变成记忆的经历。之后，它会帮助协调对已储存记忆的提取，而这些记忆通常储存在脑的不同区域。这个过程可以被有意识地影响，比如某件事让你产生了那种"话到嘴边却说不出口"的奇怪感觉，其实此时，你正在搜寻你储存的记忆，却没有找到。

从对全部或部分缺失了海马区的人类脑和动物脑的大量研究中，人们已经推断出海马区会参与新记忆的建立。而另一方面，它也能证明脑的适应性。现代神经科学的一个主题是脑的可塑性，它超越了对神经连接细节的改变，而广泛关注在神经

▶ 伦敦出租车司机掌握着伦敦这座异常复杂的城市的道路网。

解剖层面的大变化。

最常被引用的研究是通过脑扫描来测量伦敦出租车司机脑中的海马区。伦敦出租车司机面对的是一个几乎没有便捷道路网的城市。要想获得一张伦敦出租车牌照，准司机必须了解伦敦25000条错综复杂的道路，以及这些道路是如何连接起来的，以便快速规划出路线。准司机大约需要4年的时间来了解这些。与从动物身上得到的研究结果一致，研究人员发现这些出租车司机脑中海马区的一个子区域扩大了，而另一个子区域却缩小了。其对照组中的公交车司机（尽管他们在街上行驶也有差不多的压力和紧张感，但他们遵循一些固定的线路行驶）并没有显示出这些变化。而且，退休出租车司机的这些变化会慢慢消失。

这提示了海马区与学习如何在空间中导航有关，这可能是一种古老的生存技能，而现代的出租车司机也需要这种技能。最新的一些研究（也是在伦敦进行的）让人们在有或没有卫星导航系统的帮助下四处走动。研究结果显示，海马区的不同子区域分别参与了对空间细节的记忆及对路线的规划。

当然，这还不是海马区的全部功能。通过磁共振成像，人们还发现了关于音乐家群体脑中海马区变化的有趣证据。

脑的其他部分

脑可被识别的基本部分还包括丘脑、脑干（brainstem）和小脑（cerebellum）。丘脑差不多位于脑的中部，脑干在它的下方，而小脑在它的后面。它们在一起共同为一系列基本功能（其中很多是无意识运作着的）提供支持。

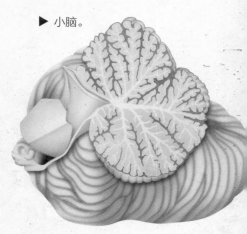

▶ 小脑。

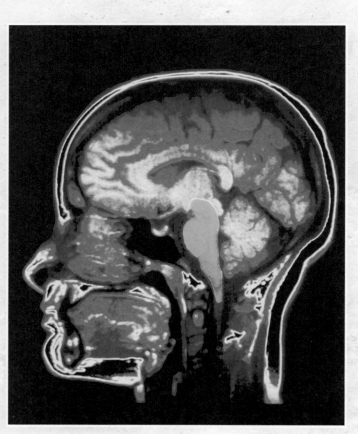

▲ 脑干位于脑的中心，在脊髓的顶端。

小脑

"小脑"这个词的拉丁语本意是"小的脑"，从分层结构上看，它确实有点像一个额外的大脑，就连它的分层结构也看起来像大脑。小脑专注于运动、平衡和姿势，这是一些只有当它们出岔子时你才会注意到的事情。和脑的其他部分一样，小脑与大脑皮质之间有着大量的神经连接，并且它们之间有着频繁的交流。虽然小脑的质量只占脑质量的1/10，但它的细胞却占脑细胞总数的一半，并且它的神经元数量占所有神经元数量的4/5以上。

▲ 让-多米尼克·鲍比在他的回忆录电影中，展现了他自己的精彩叙述。

髓质和脑桥

　　还有两个已被命名的部分是髓质和脑桥，它们构成了大部分的脑干，而且其本身就很复杂。它们的"任务"是将连接脊髓和大脑、小脑的神经束组织起来。人们很容易认为它们从属于更高级的功能，然而它们其实是其他一切功能的基础。一些生命功能在只有很少或没有大脑皮质时仍可以保留；有一些人出生时就没有小脑，而且他们中的一些人在成长过程中几乎没有表现出异常。然而，脑干的严重损伤则通常是致命的。

闭锁综合征

　　1995年，法国记者让·多米尼克·鲍比（Jean-Dominique Bauby）卒中后昏迷了几个星期。正如他在1997年出版的回忆录《潜水钟与蝴蝶》中所述，他在几个星期后恢复了意识，却无法控制自己身体的肌肉。脑干的损伤使他虽然能够保持完全清醒，但身体却瘫痪了。这种病在20世纪60年代被定义为闭锁综合征。

　　与其他闭锁综合征患者一样，鲍比仍旧可以眨眼（用一只眼睛），他甚至还学会了用这种方式与人交流。在字母表的正确位置眨眼可以帮助他选择字母，并组成单词。引人注目的是，他在10个月的时间里用大约20万次眨眼完成了这本书的创作，但是他在书出版后不久便因肺炎去世了。

哪些细胞决定了我们？

将人脑从头骨中取出，并放在实验台上，它会稍微变扁一些，因为它没有太多的内部支撑。正如我们所看到的，它有很多大尺度结构，但它也是一团被皮肤、骨骼和膜保护起来的细胞。它专门从事脑力工作，而不是体力工作。

脑中有许多血管，每立方毫米的大脑皮质中最细的血管共有大约一米长。这些血管的作用和其他地方的血管作用一样。尽管如此，脑的其他方面却非常独特。与其他一些特化的器官一样，脑中有着独特的细胞类型。

这些细胞主要分为两大类。

* **神经元**在长达一个世纪里一直主导着有关脑的专业学术探讨和大众流行讨论。得益于高尔基的研究，神经元更容易被看到，并且正如我们将要详细讨论的，神经元看起来与其他细胞明显不同。

* **神经胶质细胞**长期以来一直没有引起

▼ 在电子显微镜下看到的单个神经胶质细胞。

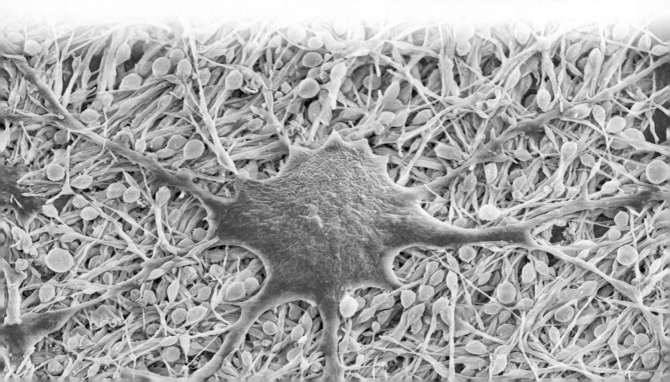

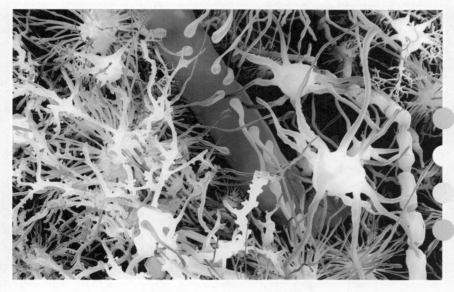

▲ 脑中有许多类型的细胞。

星形胶质细胞

小胶质细胞

神经元

少突胶质细胞

人们的兴趣。有些神经胶质细胞起着已被明确定义的辅助作用，比如为神经提供髓鞘以加快其信号传输速度的细胞——少突胶质细胞（oligodendro-cytes），以及脑自身的免疫细胞——小胶质细胞（microglia），还有一种神经胶质细胞是星形胶质细胞（astro-cytes）。最近，研究人员发现一些星形胶质细胞更像神经元，它们会释放自己的神经递质，并且可以对局部神经元活动做出反应，这为神经信号的精细调控提供了一种方法。

对于神经胶质细胞这种相对低调的细胞类型，显然还有更多的科学问题需要被回答。这个道理可能对脑的其他特点也同样适用：可能我们当前正在使用的观测技术让有些事物看起来没那么有趣，但这并不意味着它们没有重要的功能。此外，距离近到能够相互作用的神经元，无论它们是通过化学信息，还是通过神经连接来进行相互作用的，都很可能是在一起工作的，尽管我们目前还不明白它们是如何做到的。

遇到一个神经元

准确地说，神经元是脑的组成部分。神经元在精细结构和活动（包括化学活动和电活动）方面有很多变化。下图就是一个普通神经元的简单解剖图。

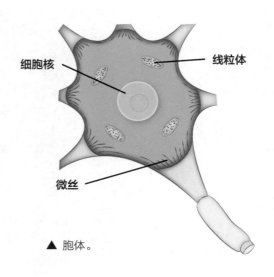

▲ 胞体。

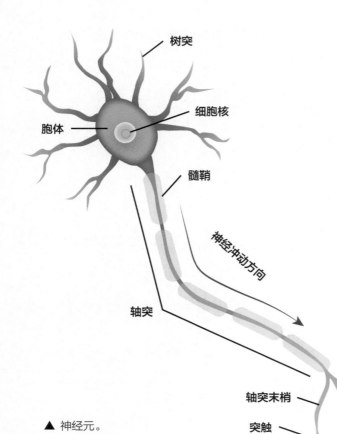

▲ 神经元。

神经元的中间有一个小团，也就是胞体。神经元胞体的特征与任何教科书中所讲的其他器官的体细胞特征一样——其中有一个细胞核，包含着由DNA组成的染色体。细胞核是通过读取染色体上的基因来制造蛋白质的"机器"。胞体中还有一个被称为线粒体的类似于细菌的小袋，它可以为细胞提供能量。此外，胞体中还有各种各样由蛋白质构成的管状物和细丝，被称为微丝。它们能够维持细胞的形状，并使细胞将化学物质从一个地方运送到另一个地方。以上这些结构都被包裹在细胞膜内，细胞膜是细胞内部与外界交换信息的重要界面。

那些使神经元看起来与其他细

胞有所不同的"枝枝丫丫"的部分是神经突起（neurites）。最初的简单观点是神经突起有两种截然不同的类型。

每个神经元都伸出一个轴突，负责发出信号。脑中的那些神经纤维就是轴突。轴突末端几乎与另一个细胞（通常为另一个神经元）相接触。这个末端就是突触，那里有一个微小的间隙。轴突发出的信号必须穿过这个微小间隙才能把信息传递下去。

另一种神经突起是树突。轴突可能会分叉，尤其是在靠近末端的地方，而树突则通常会不断地进

行分叉，它也因此而得名。树突负责接收轴突发出的信号，不过轴突末端也可能与胞体相连。神经末梢要么位于树突的核心，要么位于某些神经元中可见的较小突起（被称为树突棘）上。

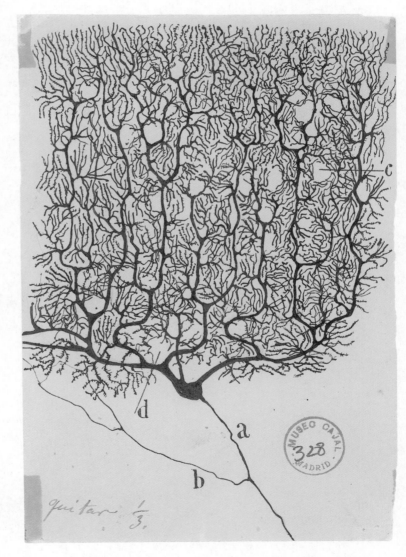

▶ 由显微镜学家圣地亚哥·雷蒙·卡哈尔绘制的一个有大量分支的树突。

终极网络

到目前为止，你可能已经有了这样的印象：人脑相当复杂。其实正是从细胞层面上，这种复杂性才真正开始显现。

神经元的轴突和树突相当于它的"触角"，是非常灵活的系统。它们产生出成百上千种神经元类型，这是由神经突起的模式来定义的。这些不同的神经元类型就像一系列不同的"中继站"和"变压器"一样，在一个神经网络中可以适用于不同的"基站"。有些轴突很短——从一个神经元到几个相邻的神经元，有些则很长——从头到脚。有些轴突连接单个树突，有些则连接多个相同或不同的树突。树突形成了许多不同的分支，使神经元的类型多种多样：星形、纺锤形、吊灯形、烛台形……

神经元之间的连接程度的变化很大，因此它们连接程度的平均值很大限度上取决于细胞的确切来源。我们可以说，每个轴突都能与大约1000个神经元形成连接，其中大多数是与附近的细胞相连的，而每100个细胞中大约有4个会连接到脑的其他部分。脑中突触连接的总数远远大于神经元的总数，估计从100万亿到1000万亿不等。如果你始终记不得自

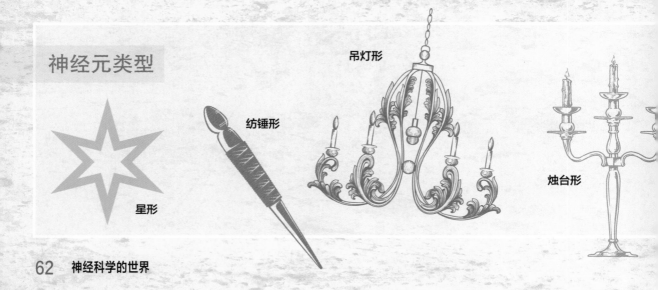

神经元类型

吊灯形

纺锤形

星形

烛台形

已把车钥匙放在了哪里，并不是因为你的脑存储容量不够。

脑细胞的基因表达及由其制造的蛋白质的差异很大。神经元中表达的关键基因有助于对轴突膜和树突膜进行精细调制，帮助制造和处理神经递质，并建立受体，以在神经递质释放时记录神经递质或在细胞内传递信号。所有这些都影响了信息在神经系统中发送和解码的方式。现如今，我们可以对神经网络中的小区域进行非常详细的探测，但英国生理学家查尔斯·谢林顿（Charles Sherrington）创作的诗句在此似乎非常贴切："一台被施了魔法的织布机上，数百万个闪烁的梭子编织出一个个转瞬即逝的图案……"

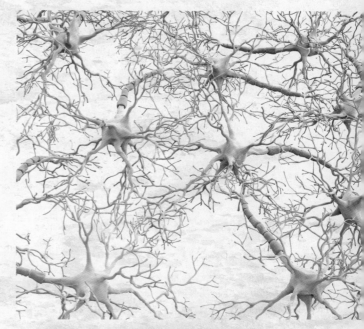

▲ 神经元之间的相互连接是复杂的和不断变化的。

刷状

锥体

双束状

一次一个

研究人员比任何人都更清楚，脑细胞构成的整个网络有多么复杂，所以我们别给自己那么大压力，可以一次只研究一个细胞。

有一种令人印象深刻的精确技术可以让研究人员看到神经回路中的单个细胞。这项技术被称为光遗传学，它建立在基因操控技术的基础上，通过在细胞中安装荧光蛋白来修改神经元，以使研究人员可以开启或关闭它们。这项技术被誉为近几十年来神经科学领域最具革命性的技术。

这项技术的关键在于让神经元产生光敏蛋白质，其中一种起作用的光敏蛋白质被称为视蛋白，存在于藻类之中。当暴露在光线下时，视蛋白允许离子穿过细胞膜——藻类由此来感知光并朝着光游动。这意味着这种蛋白质有两种状态，而研究人员有一个可以控制这两种状态的"开关"。于是，研究人员可以把信息输入脑中并观察所产生的结果，而不是像许多扫描技术那样，依赖从脑中读取出来的

▲ 某一天，微型发光二极管LED（Light Emitting Diode）可能被植入来控制光敏神经元。

信息。

这项技术适用于研究在培养皿中生长的神经元，甚至是活体生物（只要光线能到达神经组织所在之处）。根据需要，不同的蛋白质可以让神经元被蓝光激活，或被黄光关闭。最早的一项实验仅仅控制了从一个果蝇脑（大约10万个神经元）中选出的十几个神经元，就取得了成功。

只要安排得当，这些"开关"就可以用来测试特定的神经元或一小群神经元是如何影响行为的（见第十二章）。果蝇被诱导飞起或停落，小鼠被诱导到处乱跑，啮齿动物的记忆被人为强化或扰乱……所

有这些都可以通过将光信号作用于被改造的神经元的适当位置来实现。

这项技术涉及使用转基因病毒，因此尚不适用于人类。如果能找到其他方法引入光敏蛋白质，那么人类就有望从动物实验中受到启发，使人类的某些疾病得到更好的治疗。比如利用在小鼠身上进行的有关脊髓损伤后康复情况的研究取得的发现，甚至是观测小鼠抑郁时其神经元活动的发现，来启发人类采用新的方法治疗这类疾病。不过，目前这些研究离真正的临床应用尚有一段距离。

◀ 对经过精心挑选的小鼠神经元进行基因改造后，小鼠在光信号的作用下被诱导着奔跑了起来。

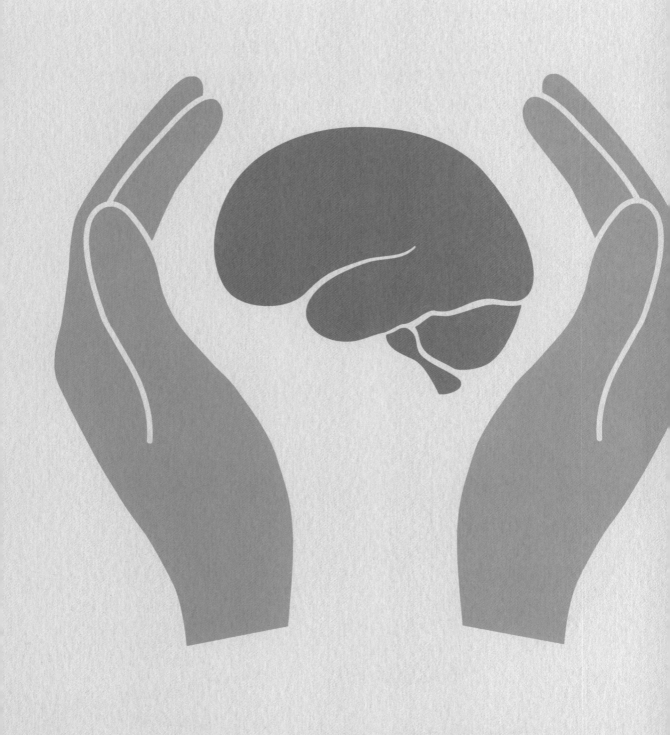

CHAPTER 3 第三章

有脑的生活
LIFE WITH A BRAIN

脑，谁需要它呢？

脑到底是做什么用的呢？有些生物没有它也能生存。单细胞生物别无选择，但是也有许多多细胞生物并没有专门的神经元，比如路边花园中的植物。

植物总待在一个地方，但那些四处移动的生物似乎确实需要神经系统。海鞘就是一个很好的例子。海鞘是一种海绵状生物，它们的幼体看起来有点像在水中蠕动的蝌蚪。它们的运动由一个简单的神经系统来协调，包括一只眼睛、一条神经束和一个脑神经节——充当微型脑的一簇神经元。它们的幼体分散开后，会在海床上选择一个地点，然后余生都扎根在那儿，它们以过滤水中的浮游生物为生。显然它们不再需要自己的"脑"了，于是它们的眼睛、神经束和脑神经节会被身体吸收。

幼体期的海鞘表现为一种复杂的生物，其在成年后则采取了一种更简单的生活方式。但是这些小块的神经组织最初是如何形成的呢？

◀▼ 一只自由游动的海鞘和一群成熟的、现在不移动了的海鞘。

我们对脑的演化的研究途径只能是间接的。头骨会变成化石；而柔软的脑则不会。重建神经元及其回路的起源，在很大程度上依赖深入研究我们现在知道的生命，以及找出如今的生物类似于哪种早期形态。这可能会误导我们，但是我们至少可以看到一些简单生物拥有简单的神经系统，以及看到它们可能的演化路径。

　　这条路径是从海底包括海绵、水母和海葵在内的一群动物开始的。海绵实质上是一个细胞群，并没有神经元。水母有一个神经网，但那并非一个神经系统，而是一群类似于神经元的分散细胞所组成的集合。据推测，它们一直都是这样的，所以神经网这种东西至少已经存在5.5亿年了。这是一个很长的跨度，但仍然比地球上生命的历史短了30亿年左右。

▶ 箱型水母：无脑，但有良好的互相连接的神经网。

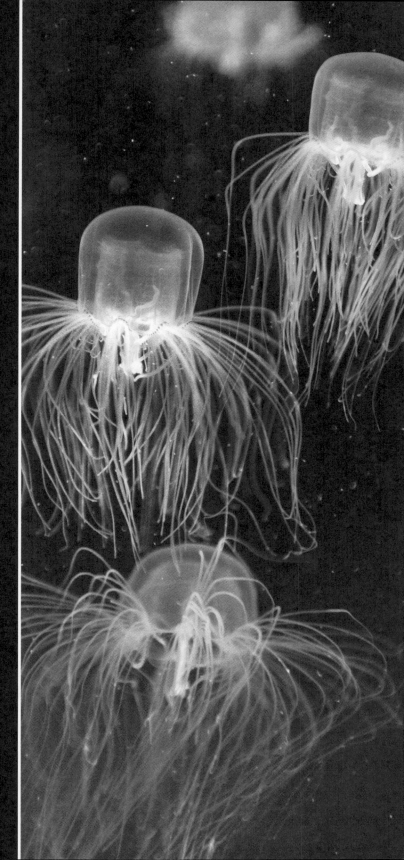

一种不同的对称性

　　直到最近，生物学家才发现神经网比他们所知道的更有能力。神经网可以将感觉线索与行为联系起来，比如一只水母为了避开盐分较低的水而下潜，一种箱型水母甚至拥有帮助它导航的眼睛。但是更像我们人类的那种神经系统以及更复杂的行为，则是伴随着在身体框架方面的一个巨大改变而出现的。水母之类的生物具有辐射对称性，然而，人类的身体、脑，甚至是大脑的两个半球，都是两侧对称的。

　　神经系统演化历史的一部分使我们现在看到的各种各样的生物，如蠕虫、软体动物（海蛞蝓、蜗牛和贝类等）和头足类动物（墨鱼、鱿鱼和章鱼等）出现，其中一些生物非常聪明。它们各自有着复杂的演化路径。线虫和节肢动物（如昆虫、蜘蛛、甲壳类动物等）也都是如此。所有这些生物都为比较神经解剖学（comparative neuroanatomy）做出了贡献。但在这里我们重点关注脊椎动物。它们将两侧对称性和一个神经系统结合起来。这个神经系统的组织结构是我们所熟悉的：一条中枢神经通道将身体的不同部位与神经元的一端连接了起来。这个基本结构可以追溯到5亿年前。

　　当今的鱼类、两栖类、爬行类、鸟类和哺乳类动物都是这样演化而来的。它们的脑变得越来越大、越来越复杂，最终演化到了灵长类动物。并非是单独一样东西推动了这一漫长的发展进程。确实有证据显示，存在一个强有力的因素促使自然选择朝着更灵活的脑这个方向发展。获得移动能力可以使一个生物去到食物所在的地方，这包括追捕猎物。在一个捕食者

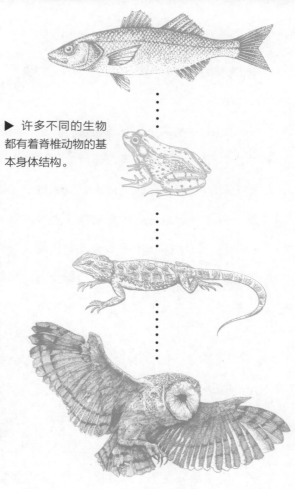

▶ 许多不同的生物都有着脊椎动物的基本身体结构。

横行的世界里,当有其他生物靠近时,最简单的物种也会因为长出了可以感知到这些危险的细胞而获益。

我们并不知道这是否就是那些开始"神经系统之旅"的细胞(原代神经元)被派上用场的原因。然而,仔细研究一下演化进程还是有启发性的。正如2014年的一篇文章所言,"动物们在开始互相吞食之后不久就演化出了尖峰放电的神经元"。

小步前进

看看各种各样的脊椎动物，你很容易编出一个关于脑是如何逐步发展的故事，而故事的高潮落在了我们自己的脑上面。一个流行的说法是，我们有一个由三部分构成的脑——其中一部分是在前脑的基底神经节中由爬行动物所衍生出的，一部分是由不太聪明的哺乳动物所衍生出的，最后一部分是"无比荣耀"的新皮质。根据这个说法，这三部分分别产生了本能、情感和智力。

这是一个错误的说法，有以下几个原因。脑的所有部分都在不断地相互作用，那些被认为是"原始"的部分也参与了"高级"功能。何况这一说法假设脑的一部分一旦存在便停止了演化，但事实是脑的各个组成部分在不断地共同演化。我们的脑也不例外。

尽管如此，脑的出现还是有一段需要神经科学加以考量的历史的。如前所述，头骨化石和对现存脑的分析为比较神经解剖学提供了信息。研究人员现在也可以在分子水平上更详细地研究演化进程。例如，细菌中存在着信号分子和可跨越细胞膜形成离子通道的蛋白质，而且它们在那种允许神经元互相交流的生物系统中有可被识别的后代。

所有这些都强调了一个在整个神经科学领域引起共鸣的结论：脑，包括我们自己的脑在内，并不是像机器那样设计的，它们会演化，就像其他器官一样。

▶ "一堆杂乱无章、互动着的小工具的累积物"——我们演化而来的脑。

演化是通过不断试错及对小的优势的不断积累而实现的。它不会自动生成对一个问题的最佳解决方案。如果自然选择是一名工程师，那么演化将是一个修补匠，它想看看通过重新组合现有部分或稍微修改一下它们，能做出什么新的东西。正如弗朗西斯·克里克（Francis Crick）在《惊人的假说》中所写的那样，"如果一种新的设备能够工作，无论它以何种奇怪的方式工作，演化都会努力去'推动'它，最终的设计可能不是一个干净利落的设计，而是一堆杂乱无章、互动着的小工具的累积物"。这不是一幅特别讨人喜欢的脑景象，但它却是真实的。

▼ 演化是靠试错而实现的。有时候，科学亦如此。

尺寸确实有点重要

关于脑的最简单的观察结果是：有些动物的脑比其他动物的大，而且在演化的过程中，脑变得越来越大了。

尺寸的变化令人印象深刻。在脊椎动物中，最小的鱼和两栖动物的脑的重量只有1毫克，而抹香鲸的脑可重达8千克。

这不仅仅是因为鲸鱼的体型更大。一种不同寻常的海豚——伪虎鲸，同样有着很大的脑。虽然体型是脑尺寸增加的主要原因，但是有些物种演化出了比预想中更大的脑。大象的脑的重量略低于5千克，要比人类的脑（平均1.2千克）大得多。人类的脑重量大约占人类身体重量的2%，而大象的脑重量只占其身体重量的0.1%。

与我们人类接近的物种中，黑猩猩的脑重量占身体重量的比例要比大猩猩的大。对于脑化石，我们只能测量其容量，结果显示，我们的直系祖先的脑容量是在不断增加的。被称为南方古猿（Australopithecines）的早期原始人生活在300万到400万年前，其脑容量约为400～450立方厘米，与现代黑猩猩的脑容量相当。到200万年前，能人（Homo habilis）的脑有700立方厘米大。而180万年前的直立人（Homo erectus）的脑则可能达到了1000立方厘米。

所以脑容量为1500立方厘米的智人（Homo sapiens）是通过长出了一个更大的脑而变得更聪明的吗？事情没那么简单。最近的化石研究发现，人类演化的故事更复杂——一些脑容量较小的标本出现的时间比之前设想的要晚得多。研究也显示脑的某些部分比其他部分增长得要更多，而且近期以来的大部分增长显然发生在大脑皮质。

大脑皮质厚度的变化也需要被评估，而且不同物种大脑皮质中神经元的密度也有所不同。人类在所有这些测量中的得分都很高：人类的大脑皮质面积很大，而且相对较厚（厚度有3毫米，相比之下海豚的仅有1毫米厚），并且还有很多细胞。评估的结果是，在陆地哺乳动物中，人类有最多的皮质神经元，可能有150亿~200亿个那么多。不过至少有一种海豚拥有比我们更多的皮质神经元。

无论如何，智力与脑的尺寸并没有直接相关性。爱因斯坦的脑比人脑的平均重量还要轻200克。

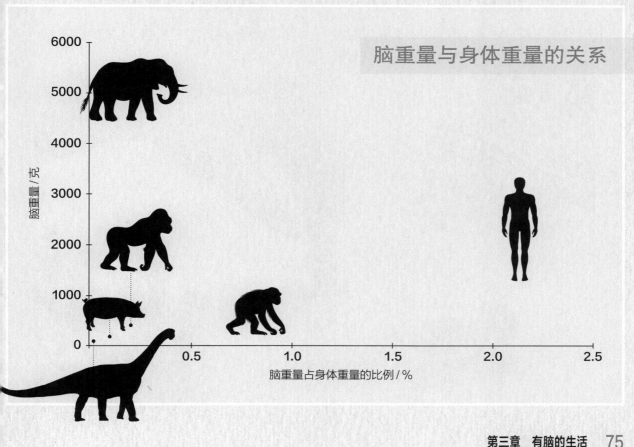

脑重量与身体重量的关系

是什么让脑如此聪明？

我们很高兴能看到像脑这样复杂的东西，以及与人类脱颖而出的认知能力明显相关的事物——在我们的大脑皮质中占据着庞大体积、拥有着庞大数量的细胞。这可以解释我们所认为的高智能吗？

由于还未解开大脑皮质工作机制之谜，我们只能退而求其次来问一个不一样的问题。比较神经解剖学能够告诉我们智能的一般要求吗？答案取决于我们对智能的定义。如果其他生物已经演化出了能帮助它们以新方式生存的脑，那么我们需要

一个比"人类就是会说话的猿类"更广泛的定义。一种有用的"物种中立"的定义是，智能让物种保持灵活，也就是说在某种程度上产生能够解决问题的新行为。

这就赋予了一些物种独一无二的智能。这些物种包括：章鱼（它们的脑的结

构与我们的完全不同，将在第十一章讨论）、一些鱼类、群居昆虫（如蜜蜂）、三两种鸟（特别是鹦鹉和乌鸦），以及一般的哺乳动物。

从比较神经解剖学的角度来说，尽管它们有很多不同之处，但也有一些共同之处。它们的脑确实比那些不那么灵活的相近物种的更大。它们的脑中有许多紧密相连的神经元，也有连接到密集区域的其他部分，可以快速工作——因为神经元之间的距离（也就是轴突的长度）很短，因此它们的轴突可以快速传递信号。

一些看起来与我们的脑截然不同的脑也是如此。昆虫微小的脑是高度发达的神经节，负责加工视觉输入和来自它们触角的信号。群居昆虫脑中被称为"蘑菇体"（mushroom bodies）的结构已经有所扩大，并且承担了所有加工信息、发展新技巧、导航的工作。蜜蜂甚至可以在实验室里接受训练，学会通过移动一个小球来获得一块糖作为奖励。这对于一个只有30万个神经元的生物来说已经相当聪明了。

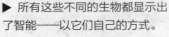

▶ 所有这些不同的生物都显示出了智能——以它们自己的方式。

人如其食

人脑相对较大的尺寸，催生了一系列关于是什么推动了这种增长的理论。复杂的社会生活、狩猎和屠杀、工具的使用、语言，甚至直立行走，都与我们脑的演化有关。然而，我们很难说清楚在每种情况下到底是哪个先出现的：是一个不同的脑先出现的，还是一种新的能力先出现的？

以更基本的生活事实为基础的理论可能更加可靠。能量及提供能量的食物是一个至关重要的因素。人类的脑比其灵长类近亲的更大。人类脑中密集的神经元需要许多能量来让它不断放电闪烁的回路保持运行——人在休息状态下能量消耗的20%都来自脑。然而，其他灵长类动物大多是食草动物。大猩猩每天大部分时间都在嚼树叶。如果它有一个与我们一样的脑，那么它将需要更大的摄入量和一个巨大的肠胃来为它提供能量。然而，人类的肠道在脑变大的同时却变小了。那么，这与我们所吃的东西有关吗？

吃肉也许是个关键。英国灵长类动物学家理查德·兰厄姆（Richard Wrangham）认为，用火会更好。烹饪让消化更

◄ 理查德·兰厄姆指出，并非所有的食物都需要被烹饪。

有效，使每餐能提供更多的能量。但在演化进程上有一些问题：有证据显示，在火被明确"驯化"（家用）前，脑就已经增大了。不过牙齿在人类演化的早期就已经适应了那些不需要过多咀嚼的食物。看起来很可能是烹饪帮助我们变得聪明了。

火还可以通过其他方式刺激认知能力的发展。早期的人类并不生活在固定的地点，他们四处漂泊。让火持续燃烧需要做好计划并在火熄灭前获得燃料。早期的人类在收集食物的同时还需要收集足够多的木材，以使火整夜燃烧。在知道如何生火之前，人类在漂泊时必须将火一起带走，并且保护火不被雨水浇灭。任何人都可以在火旁取暖，这引起了人们对群体中那些懒得去捡柴却享受温暖的人的注意。创建一种围绕着火的生活方式，需要人类在计划、合作和社会敏感性等方面达到一个新的复杂水平，这些都对脑提出了新的要求。

▶ 一个明火上的烹锅是架在复杂的社会组织之上的。

被驯化的脑

尼安德特人的脑容量比智人的更大，这个事实更有力地证明了：脑的大小并不是智力的决定因素。演化故事中还存在另一个令人费解的部分。

我们将一只被驯养的动物的脑与最接近的野生同类的脑进行比较。因为必须考虑体型，所以我们选择了一只德国牧羊犬（狼狗）和一只野生的狼。结果显示，野生狼的脑比牧羊犬的脑大了近30%。

这同样适用于其他动物——比如家猪和野猪、家猫和野猫。当然，这并不能一概而论，我们驯养的家猪的脑比野猪的脑更小了，但那些被密集饲养的鸡的脑却比它们的野生祖先的脑更大。尽管如此，

野生脑与驯化脑

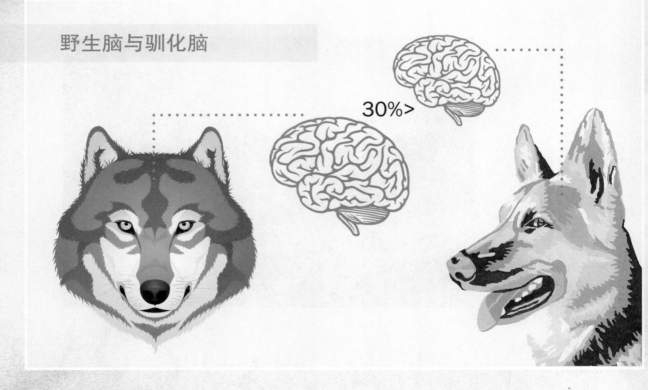

30%>

我们还是可以认为，驯化通常会缩小脑的尺寸。

测量人类的脑得到的结果，以及来自世界各地的证据均提示，人类的脑在过去1万到2万年间也缩小了。

这种缩小可能部分与身体尺寸有关。与我们的祖先相比，平均而言，我们的身体变得更小了。但剩下的部分该如何解释呢？我们在某种程度上也被驯化了吗？

动物驯化与现代人类文化有着相似之处：被驯化的动物得到喂养，并被保护着免受捕食者的伤害；或许定居农业给人类带来了同样的好处。但是，以农业为生往往伴随着营养不良，会影响脑的生长发育。

我们的脑之所以会缩小，或许是因为我们省去了做其他事情的努力。这一点在便利的智能手机时代很容易被想到。人脑的缩小可能也强化了这样一种观点，即决定智力的不仅是脑的大小，还有脑内部的精细程度。

这也引发了人们对未来的猜测。科幻作家库尔特·冯内古特（Kurt Vonnegut）的小说《加拉帕戈斯群岛》暗示说，我们的脑太大了。我们的后代在100万年后，可能会愉快地回到水中生活，他们长着喙、鳍、流线型的头和小小的脑。

胚胎的脑

脑的发育贯穿大部分演化史。每当一枚受精卵开始长成一个新的人时，这一历程便会重新开始一遍。接下来所描述的现象在所有脊椎动物中都是相似的，并且已经被非常详细地研究过了。

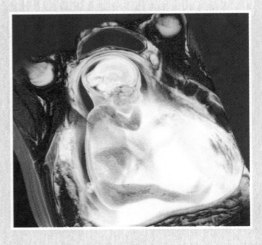

胚胎在开始时是一团细胞，这些细胞随着胚胎的生长而分裂。在几周后，细胞开始分层。最外层的一个区域变厚并向内折叠起来形成一个凹槽，之后还形成了一个独立的管，这就是将要发育成脑和脊髓的结构。这个中空的、充满液体的管会发育成脑室。整个发育过程即美妙又复杂，这相当于脑室壁向外突出进而长出了脑的各个部分。两个月之内，胚胎就具有了前脑、中脑和

▲ 在一个8个月大的胎儿的磁共振成像扫描图像中，胎儿生长中的脑清晰可见。

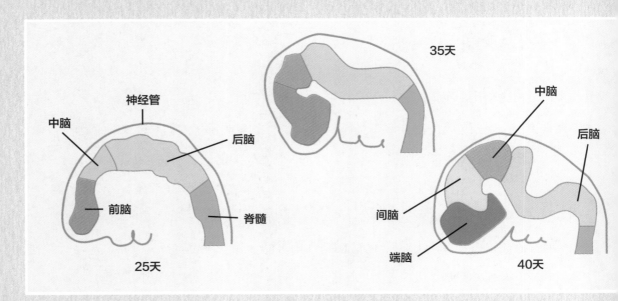

后脑的雏形，而又一个月后，它就拥有了一个可辨认的脑。

胚胎的发育依赖细胞的精确运动，有些细胞要迁移很长一段距离才能到达最终目的地。一个突出的例子是大脑皮质的发育。这个发育过程将形成六个分层。大脑皮质所有的细胞由脑室附近的干细胞形成，然后向上"爬"到正确的分层。它们的迁移过程可能需要两周多。神经胶质细胞构建出了一个由纤维组成的"脚手架"，让神经元可以跟随它。化学信号则确保神经元穿过已经存在的分层，并朝着正确的方向移动。其中一些信号已经被识别了出来，比如神经元所分泌的一种叫作络丝蛋白（reelin）的大分子。缺乏络丝蛋白的小鼠有一个混乱的大脑皮质，走起路来摇摇晃晃的。

迁移的大脑皮质细胞主要是神经元，其数量众多。正在成长的人类胎儿每分钟可以产生25万个神经元。发育完全的脑中所含有的几乎所有的神经元，都会在胚胎中出现。而当它们全部出现时，脑还未发育完全，但此时头骨已经相当大了，勉强还能从骨盆带中穿过去，因此胎儿是时候出生了。

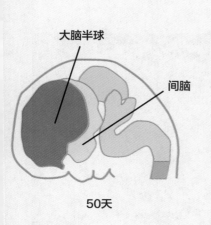

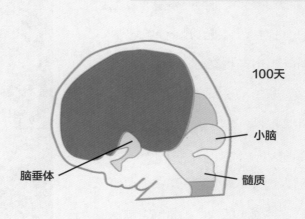

胎儿脑发育的5个阶段

大脑半球

间脑

50天

100天

小脑

脑垂体

髓质

一个脑诞生了

人类大脑皮质的膨大让婴儿过早地出生了，不过脑的发育在婴儿出生后很长一段时间内仍在继续。新生儿的脑中有一大堆神经元。经过此前9个月的生长，新生儿的脑中已经建立了许多突触连接。白质中长长的神经束将脑的不同部分连接起来。与神经元的迁移一样，轴突的生长也受到复杂的信号的引导，以使轴突的末端到达正确的位置。但是新生儿的脑还没有太多时间来对脑的精细结构进行组织。

从现在开始，神经元必须为它们未来在脑中所扮演的角色"争得"一席之地。新生儿出生时，神经元之间已经建立起了连接，因为如果某个神经元没有与其他细胞形成任何连接，它就注定会死亡。事实上，神经元渴望产生突触，神经元所产生的突触数量超出了脑能够用上的数量。在婴儿出生后的第一年，脑的大部分区域的突触数量会达到最大值。一个1岁婴儿脑中的突触数量大约是成年人脑中的两倍。在这之后，神经元继续产生新的突触，但

白质的发育

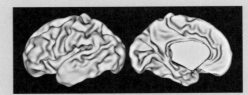

32周

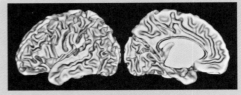

36周

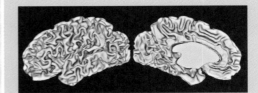

40周

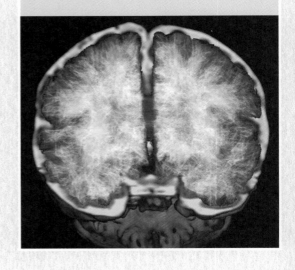

是因为神经胶质细胞删除了多余的连接，所以突触的总数开始减少。

脑的基本结构遵循着基因所规定的生长计划。基因影响神经元的生长类型、它们的目的地，以及脑各个区域之间信号传输的主要路径。接下来漫长的精细调节则更多地受到经验的影响。婴儿的脑受到了外部世界感觉信息的"狂轰滥炸"——光、颜色、运动、声音、触感、味道、冷热——这些在子宫里时只能微弱地被感觉到，或根本感觉不到。对突触连接进行整理、修剪是一个终生的过程，这是我们学习、记忆和理解的基础。在此期间，脑一直在成长，它增加了更多富含神经纤维的白质及神经胶质细胞。一个新生儿的脑重量不到0.5千克，和一只新生黑猩猩的脑差不多重。但是新生儿的脑长得非常快，在出生3个月时就会达到其成年时脑重量的一半以上，并在4岁时达到其出生时脑重量的3倍。

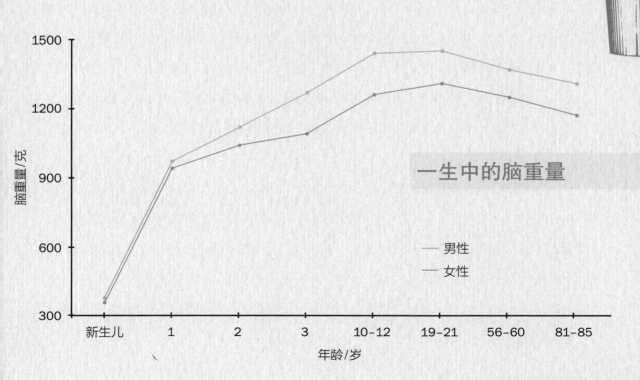

一生中的脑重量

— 男性
— 女性

▼ 大踏步前进，当然只是在小脑发育完全的时候。

关键期学习

　　啮齿动物都在夜间活动，触觉对它们来说很重要。一只新生的小鼠尽管从未感觉过有东西刷过它的长胡须，但它们在出生时就有一大簇神经元（被称为桶状皮质）连接到每根胡须上，以收集重要的感觉信息。若保留着胡须，相关的神经元就可以学会处理输入的信息。但是，如果胡须在小鼠刚出生时被剪掉了，那么这种学习就不会发生，小鼠将永远无法学会正确地使用它们的胡须；若在出生一段时间后再剪掉，就不会有这种效果。在成年小鼠身上，剪掉一两根胡须反而会刺激桶状皮质重新连接神经元，来为剩下的胡须服务。

　　脑中有许多东西需要被组织，但是这项工作不可能一次就完成。与婴儿相处过的人都知道，这项工作是分阶段完成的。对控制运动至关重要的小脑，在婴儿出生后的数月内，其体积就会翻倍，而与记忆有关的海马区则增长得较慢一些。

　　对人和动物的研究已经证实，许多依赖脑的能力的正常发展需要环境线索。有些能力的发展是设定好的，必须在正确的时间点进行。小鼠的桶状皮质就是一个很好的例子，说明了脑这个区域的发育有着关键期。

另一个重要的例子是人类的视觉。比如一个孩子有一只眼睛弱视，即不能很好地聚焦或看向正确的方向，如果及早纠正，他的视力会得到充分的发展；而如果在他五六岁之前这一症状没有被发现，那么纠正过来的可能性会小很多。

语言学习的某些方面也有关键期。对于大多数人来说，在青少年时期学会第二语言并且不带口音是很难的。

不过总体来说，我们的脑仍然具有适应能力。虽然学习一门全新的学科（比如神经科学）会随着年龄的增长而变得更具挑战性，但建立和消除神经元连接的过程会贯穿我们的一生。

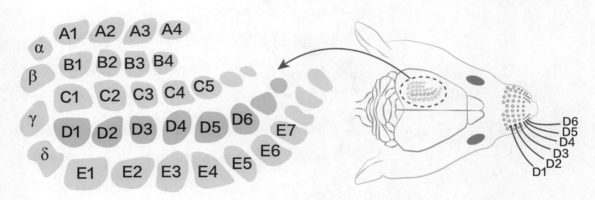

▲▶ 小鼠的脑中生成了一幅"胡须地图"，帮助它学习如何在小空间中行进。

男性脑，女性脑

　　男性和女性的脑的发育有什么不同吗？时不时会有暗示这一点的研究成果出现，但对其进行评估是一件棘手的事情。以下是一些似乎有理有据的发现。

　　平均来说，女性的脑比男性的小——因为她们的体型更小。影响胚胎发育并且诱发男女性别分化的性激素，也会影响脑。但是，随之而来的任何长期的解剖学和行为学的影响，都很难从社会和环境（对脑这样一个容易受到影响的器官）的影响中分离开来。

　　在某些物种中，雄性和雌性脑中的特定区域存在差异。以鸣禽为例，在春天，雄性会为雌性献唱，而不是反过来。雄性鸣禽脑的一个区域会增大，以帮助它们学习新歌。这在生物学上被叫作"性二型"现象，即在两性之间有着截然不同的、可明确区分的状态。这与性别差异有所不同。性别差异是指在种群层面上平均产生的某种差别。

　　在讨论男性脑和女性脑时，大家经常会把性别差异与"性二型"混淆，这是应该避免的。为数不多的几个关于脑解剖上的性别差异的好例子都是从统计学上得来的。例如在人类的下丘脑中有一个特殊的核团，平均来说，男性核团的大小是女性的两倍。但是仍有1/3的男性拥有"女性大小"的核团。

更重要的是，尽管不同组别的人（无论如何进行分组）会有差异，但人类的脑在大多数方面都是相似的。正如2016年的一篇文章所言，"人脑最好被描述为属于一个异质群体，而不是属于两个截然不同的群体"。

对于夸大男性脑和女性脑差异的说法持怀疑态度的人表示，这个话题充斥着"神经性别歧视"。此外，也有必要纠正一下许多神经科学研究中所蕴含的一种假设——研究雄性的脑就可以告诉人们想知道的一切。

▼ 平均而言，男性的脑比女性的大，但这只是因为他们的体型比女性的大。

连接、大脑半球和炒作

2013年底，发表在著名的《美国国家科学院院刊》（*Proceedings of the National Academy of Sciences*）上的一篇文章，展示了对将近1000条脑通路的研究结果。该研究使用了一项新的磁共振成像技术，被称为弥散张量成像。利用这种技术可以记录水分子的运动轨迹，水分子往往沿着神经纤维运动，因此可以揭示出神经连接。

研究结果显示，男性脑和女性脑有明显的不同——有着不同的连接组。相对而言，男性脑的每个半球内的前后连接更紧密；而女性脑在两个半球之间的连接更强。

这种差别是统计学上的，但研究人员认为，这表明了"人类脑结构的根本差别"。具体来说，他们认为，"男性脑的构建为的是促进感知和协调行动之间的连接，而女性脑是为了促进分析和直觉加工之间的交流而构建的"。为了强调他们的观点，他们的文章中还包含了一个简单的图表，突出了连接中的不同部分。

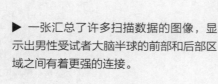

▶ 一张汇总了许多扫描数据的图像，显示出男性受试者大脑半球的前部和后部区域之间有着更强的连接。

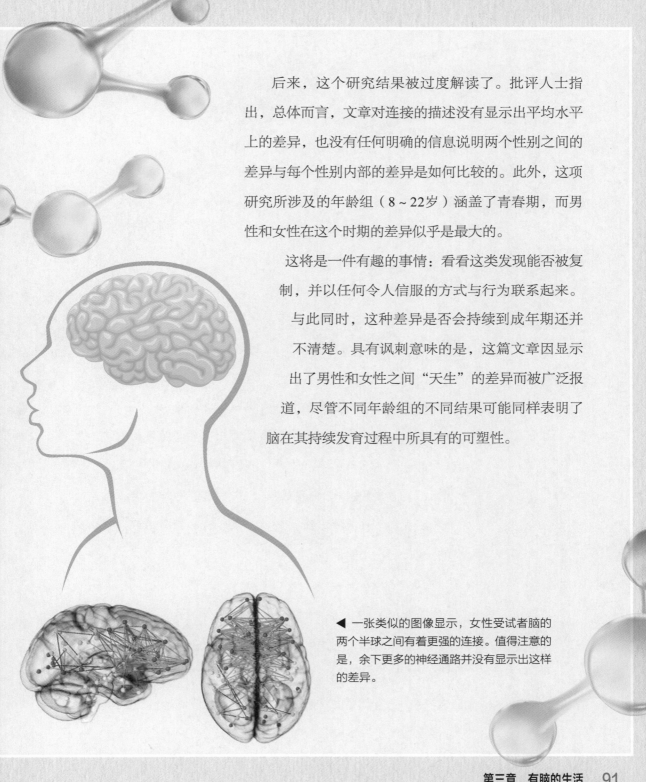

后来，这个研究结果被过度解读了。批评人士指出，总体而言，文章对连接的描述没有显示出平均水平上的差异，也没有任何明确的信息说明两个性别之间的差异与每个性别内部的差异是如何比较的。此外，这项研究所涉及的年龄组（8～22岁）涵盖了青春期，而男性和女性在这个时期的差异似乎是最大的。

这将是一件有趣的事情：看看这类发现能否被复制，并以任何令人信服的方式与行为联系起来。

与此同时，这种差异是否会持续到成年期还并不清楚。具有讽刺意味的是，这篇文章因显示出了男性和女性之间"天生"的差异而被广泛报道，尽管不同年龄组的不同结果可能同样表明了脑在其持续发育过程中所具有的可塑性。

◀ 一张类似的图像显示，女性受试者脑的两个半球之间有着更强的连接。值得注意的是，余下更多的神经通路并没有显示出这样的差异。

▲ 青少年的情绪也像过山车一般。

青少年的脑

很明显，青少年的身体和行为都在发生着变化。但是直到最近，人们还普遍认为脑的发育几乎全部发生在出生后的头几年里。其实并不是这样的。过去20年的磁共振成像研究表明，青少年的脑也在发生变化。事实上，脑发育的一些重要方面直到人出生后的第三个10年才能完成。

这些变化主要发生在大脑皮质中，相当于对脑的某些区域的重大重组。对脑结构的研究表明，在青少年时期，灰质有所减少，然而富含神经连接的白质则有所增加；这还伴随着髓鞘的增加，而髓鞘能够生成绝缘性更好、传输速度更快的神经纤维，并且会让某些区域由灰色变为白色；胼胝体（大脑半球之间的高速通道）则变厚了。在微观层面上，有证据表明，树突变得更浓密，且分支更多了。

所有这些都伴随着更微妙的变化，如更多的突触"修剪"。对脑中突触连接的重新调整需要花上数年时间，且这种调整是从脑的后部开始，然后慢慢地向前部移动的。

功能磁共振成像还提示，青少年会动用脑的不同区域来完成某些任务。例如在琢磨别人的心理时，青少年的内侧前额叶皮质与成年人相比表现得更活跃。这并不意味着他们不能很好地理解别人的意图，只是可能表明他们的做法会有所不同。这与英国研究人员萨拉-杰恩·布莱克莫尔（Sarah-Jayne Blakemore）的看法相吻合。布莱克莫尔认为，青少年的脑正在经历与社会生活有关的调整，而如成年人般的成熟能力则需要一段时间才能显现出来。

▲ 青少年可能会去冒风险（被老年脑判定为不可接受的风险）。

关于脑结构和行为之间联系的细节，我们还不清楚。但是，有足够多的证据可以让我们推测出，在青少年时期，清晰地推理和考虑后果的能力仍在发展中，而青少年脑的发育状态与他们的社会敏感性、风险偏好，以及所经历的情绪混乱是有关联的。如果这就是你对青少年时期的记忆，那就把它看作是你的脑正忙着向更成熟的阶段转变的信号吧。

成熟期

发育完成的脑并不会"获得"一张"资格证书"。随着年龄的增长，脑也在持续变化，尽管变化的过程非常缓慢。脑中灰质的减少始于青少年时期（皮质变薄），并且一直持续到20岁出头，有时甚至更晚。对某些人而言，白质的体积到人出生后的第四个10年仍在持续增加。

▲ 新的学习、新的技能与新的神经连接密切相关。

只要保持活跃（它也必须保持活跃），脑就在持续变化。突触连接会随着记忆的形成而产生或消失，并且学习新的任务也会改变神经网络（见第七章）。我们可能已经习惯了自己的方式，但我们可以通过坚持而改变习惯，获得新的技能。改变思考方式和行为需要时间，因为它最终会使突触发生改变。脑损伤（比如卒中）会导致脑的重大重组，而且有时康复也会导致脑的重大重组，不过通常需要更长的时间。

不再有新的神经元了?

脑的连接一直在改变，但在婴儿期之后，我们的脑便不得不一直利用已有的这些神经元来工作。在20个世纪的大部分时间里，我们都是这样认为的。

现在情况更复杂了。20世纪70年代，有报告称，像金丝雀这样的鸟类的脑中每年都会产生新的神经元。之后研究人员在成年大鼠和猴子身上也发现了新的神经元。决定性的证据来自20世纪90年代的研究。科学家发现成年大鼠身上的干细胞类似于胚胎脑中的干细胞，而这些干细胞可以产生新的神经元。

人类也有这样的细胞，并且现在大多数研究人员认为，我们的脑中一直有新的神经元产生。我们先不要为此太过兴奋，要知道，新产生的神经元数量很少，比如在海马区，可能每天只产生几百个神经元，且它们的作用目前我们仍不清楚。不过我们还是很高兴，因为我们知道存在可以更新我们脑细胞现有库存的可能性。

在未来，它可能为通过刺激或移植干细胞来帮助修复脑损伤创造了前景。然而，我们还不太清楚该如何可靠地激活它们，而同样重要的是，我们也不清楚，一旦它们开始再生产，该如何再次关闭它们。

◀ 这些也许是"鸟脑瓜"（意为"傻瓜"），但它们的脑中能够产生新的神经元。

老化的脑

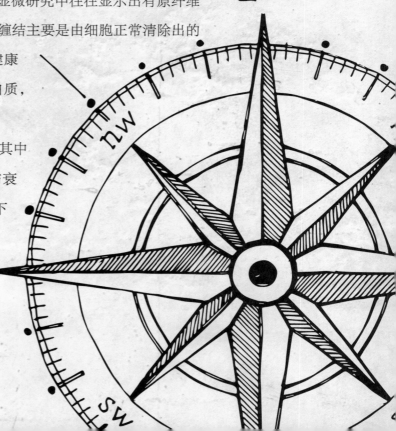

随着年龄的增长，我们的脑也会发生一些生理变化，最明显的是其体积在逐渐减小，不过正常情况下，到90岁时，脑体积也仅会减小10%左右。此外，脑室会变大，占据了脑体积减小后空出来的空间。

随着年龄增长，神经纤维会失去一部分髓鞘，这会影响神经纤维的效率，而且突触的总数可能也会有所减少。随着年龄增长，脑细胞产生的关键神经递质也会减少。然而，与20世纪人们认为神经元会持续损耗直至耗尽的观点相比，神经元的实际损耗很低。

另一方面，老年人的脑在显微研究中往往显示出有原纤维和团块（斑块）的缠结。这些缠结主要是由细胞正常清除出的废弃蛋白质组成的。即使是健康人的脑内也会有这些废弃蛋白质，不过不会产生缠结。

所有这些渐进的变化，或其中的任何一个变化都可能导致与衰老有关的认知表现下降。这些下降包括：

* 记忆困难，包括回忆起已经储存的信息和将新事物存入记忆。
* 反应变慢，包括进行长链推理和在同时发生好几件事时对注意力的管理。

这些下降与多任务处理有关，不过针对哪些种类的多任务处理真正与年龄变化有关，目前还存在争议。如果是对一个任务来来回回做快速切换的"多任务处理"，或许并不会受到年龄增长的影响。

虽然这些变化可能会发生，但它们不是普遍的。在认知测试中，有大约20%的70岁老人的脑可以与20岁的人的脑相媲美。

如何最大限度地增加人们进入这20%群体的概率呢？关于这方面的研究一直在继续。到目前为止，研究人员还没有发现什么"神奇配方"，但有两条一般性的结论可以给出比标准建议稍微多一点的东西：拥有丰富的社交网络，以及保持有规律的身体和脑力锻炼，均对脑有益。最近的一项研究提出，一项简单活动所产生的有节律的力量对脑血液的流动特别有益。是哪项活动呢？答案是散步。

西班牙俱乐部7点半在老市政厅

下周三伊丽莎白生日

星期五下午干洗

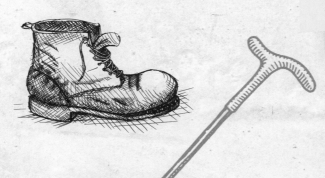

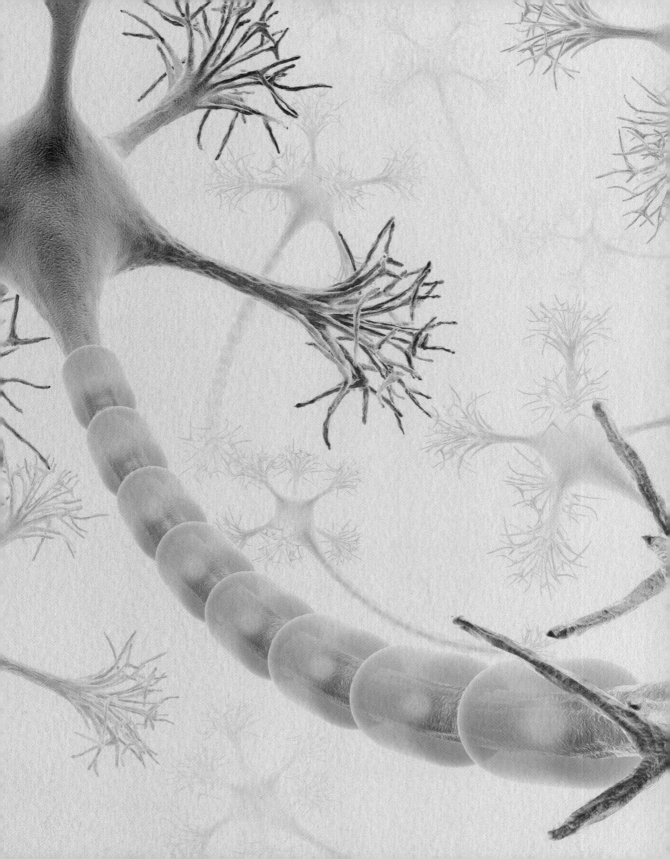

第四章

一种非常特殊的细胞

关于神经元，我们知道些什么？

　　放大到神经元的层面来看看脑的结构。这就是神经科学目标的复杂性开始打败普通观察者的地方。当然，脑是复杂的，但每一个使这一切成为可能的细胞，其本身几乎都像一个"微型脑"。要理解它们是如何工作的，需要深入分子层面，在这个层面上生物学逐渐变成了化学，然后又变成了物理学。

　　从最基本的东西开始研究会对我们有所帮助。一个神经元是一个可以通过网络发送和接收信号的细胞。神经元有很多种类，但最简单的是存在于感觉系统中的双极神经元。你可以将它想象成有一条输入电缆（树突）在一端接收信号，还有另一条输出电缆（轴突）在另一端发送信号。

　　一个活跃的神经元会沿着轴突发送电脉冲。每次的电脉冲都是一样的，但是神经元越活跃，其发送电脉冲就越频繁。兴奋的神经元每秒"放电"高达1000次，而非每秒1次。神经元"放电"是有方向性的，经突触、树突到达其他细胞。

　　单独考虑一个神经元，它是有输入和输出的。用现代的语言来讲，它在处理信息。大多数情况

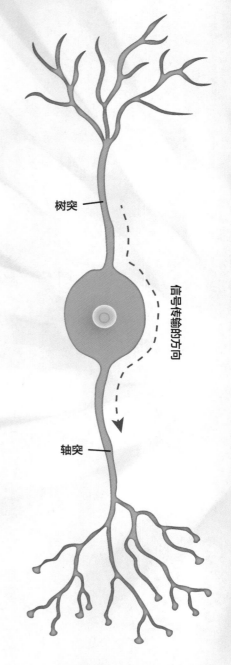

树突

信号传输的方向

轴突

▲ 一个典型的双极神经元，它是神经元最简单的类型之一。

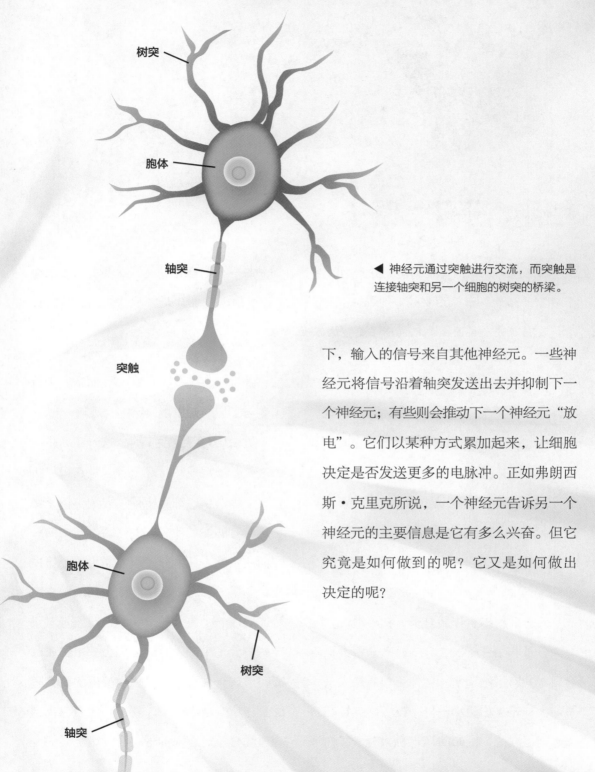

树突

胞体

轴突

突触

▶ 神经元通过突触进行交流，而突触是连接轴突和另一个细胞的树突的桥梁。

胞体

树突

轴突

下，输入的信号来自其他神经元。一些神经元将信号沿着轴突发送出去并抑制下一个神经元；有些则会推动下一个神经元"放电"。它们以某种方式累加起来，让细胞决定是否发送更多的电脉冲。正如弗朗西斯·克里克所说，一个神经元告诉另一个神经元的主要信息是它有多么兴奋。但它究竟是如何做到的呢？它又是如何做出决定的呢？

细胞、分子、原子

　　神经元可以做到其他细胞无法做到的事情，而神经科学的理论就是从这些美丽的生命小碎片开始的。卡哈尔在一个世纪前绘制的图非常详细，但也只是暗示了它们的特殊性质。现在在分子层面上我们发现了更多的东西。

　　研究人员必须钻研更深层次的组织结构，以完善关于脑作为一个整体可以做些什么的想法。他们可能不需要一路深入量子力学所主导的微观世界去仔细分析神经元的相互作用——不过数学物理学家罗杰·彭罗斯（Roger Penrose）并不同意；但是他们仍需梳理出涉及分子和原子的事件。

　　一个细胞中有许多分子，粗略地说，有大分子和小分子。大分子有时非常大，会做一些有用的事情。比如蛋白质是大分子。大分子是由更小的分子按顺序连接在一起而组成的，比如DNA这种大分子线性

信息的排序。此外，还有一些非常大的分子参与了神经元里蛋白质的合成。

　　蛋白质有着线性序列，这一序列是一个由氨基酸组成的花环链，但是它可以折叠成立体形状。细胞中最重要的事情是由它是否有匹配其他分子的诸多形状中的一种而决定的。其他分子可能是另一个蛋白质，如果再加上一个特殊的蛋白质，它就可能形成一个更大的形状结构。或者对于一些小分子来说，有时它们会被蛋白质改变，形成一种可以催化化学反应的酶。有时蛋白质会被小分子改变，因为当它找到合适的分子时，它的折叠会发生轻微的变

▶ DNA，有着著名的双螺旋结构，它是细胞中最大的分子之一。

化，然后形成一个信号系统的可能组成部分。特别聪明的蛋白质可能会参与以上两个过程。

　　把这一切想象成一大堆软软的锁和可弯曲的钥匙，然后混合在一起不停地高速碰撞。一个分子并不知道它自己是一种激素，还是一个神经递质（或两者兼是）；是一种酶，还是一个细胞支架，或是一个内部信使。它只是在做着自己的事。在某种程度上，神经元促进了正确种类的分子接触来完成它们的特殊工作。这个过程很大程度上依赖细胞的一个特殊部分——细胞膜。

▶ 分子在细胞内随机地挤来挤去，有时会找到一个适合的"伙伴"。

事物都有两面性

细胞里面不只是一锅"粥"。细胞用细胞膜来组织其内部空间，并标记出它们自己的边界。神经元的外膜有着独特的属性。要理解其独特性需要更多分子生物学方面的知识。细胞膜是包裹整个细胞（胞体、轴突、树突等）的双层脂肪分子。这些特殊的分子有亲水的末端，它们排列起来面向水性的细胞内部或细胞外部，而疏水的末端则隐藏在细胞膜内部。这意味着，尽管细胞膜非常薄，但它有明确定义的区域。

这些区域会引导细胞膜内的蛋白质。它们知道哪条路是向上的。整个脂肪分子阵列是半流体的，并且其中布满了"漂浮"在细胞膜内的特殊蛋白质。

这些蛋白质将细胞膜从一个被动的屏障转变成一个能允许细胞内部与外部的物质正常流通的屏障。神经元是细胞中的佼佼者，因为它们的膜蛋白能够更"周到"地调节细胞内外物质的运输和交换。神经元的膜蛋白运作的方式和其他蛋白质一样，即通过保持正确的形状并且有时改变形状来运作。

神经元的细胞膜中有许多不同的蛋白质。研究人员已经弄清楚了其中相当多蛋白质的结构，所以我们知道了它们的基本类型。

细胞内外物质的运输和交换，有孔和泵两种方式。一个蛋白质或一堆蛋白质黏在一起，在细胞膜上形成一个小孔，可以让小的东西通过。有些孔具有高度选择性，比如只允许某种金属离子通过；有些孔只能单向通行。最关键的是，有些孔可以打开或关闭。一些蛋白质还可以将特定的分子泵入或泵出，以维持细胞内外的浓度差异。

细胞膜还会传递信息。一种蛋白质

▲ 一个大型蛋白质模型，用淡紫色描绘其主干的扭曲和转动。这种蛋白质可以使离子或小分子穿过细胞膜。蓝色的球体表示双层脂肪分子的亲水端。

（通常是一种伸到细胞外的蛋白质）抓住一个细胞外的小分子，然后沿着它的长边折叠成不同的形状，导致细胞内部的一个区域也发生改变。这一过程中没有物质的运输和交换，但是一个蛋白质接收了一个来自外部的化学信号，并在内部产生出了一个响应。

兴奋的时刻——神经冲动

当一个神经元兴奋时，它就会"放电"（发出信号）。电信号沿轴突发射出去。电信号的传输并非你猜想的那样，类似于电子沿着一根导线传输下去。这种电信号是一种沿着轴突膜横扫过去的电位差变化，通过之前所说的一些特殊蛋白质而被传递下去。

早在它们被识别出来前，霍奇金和赫胥黎就已经通过记录一只鱿鱼轴突内的电脉冲而绘制出了神经冲动的工作原理图。静止的细胞膜外部有少量的过多正电荷。这就产生了一个跨越"脂肪屏障"（细胞膜）的电位差（以毫伏计），因为细胞膜内部是带负电的。

在轴突的一端先减小一点这种电位差，什么也不会发生。再减小一点，神经元就会放电。之后电位差就会完全翻转过来，外面是负电荷，里面是正电荷，然后又快速地翻转回来，最后恢复到静息膜电位。

鱿鱼体内的电位差记录显示，这些变化伴随着正离子的激增，即带电荷的金属离子从膜的一边到另一边。在这一过程中，钠离子进入细胞内，钾离子则离开了。

霍奇金和赫胥黎预测，细胞膜上一定有特定的离子通道可以打开和关闭。半个世纪之后，这些通道被识别了出来，特定的蛋白质会对电位差的变化做出反应，开启轴突的尖峰放电，随后关闭它。这种电位差的往复变化在轴突的起始端被触发，然后沿着轴突移动。另外的蛋白质提供了

离子泵来维持静息膜电位。

整个过程是一次小小的电颤。它也被比作一根跳绳的挥动，或是一个火花的燃烧。但是最好还是把它看作动作电位，因为整个循环过程是已知的，而且是属于神经元自己的。这个过程在几毫秒内就结束了，并且神经元在几毫秒后就会再次放电。

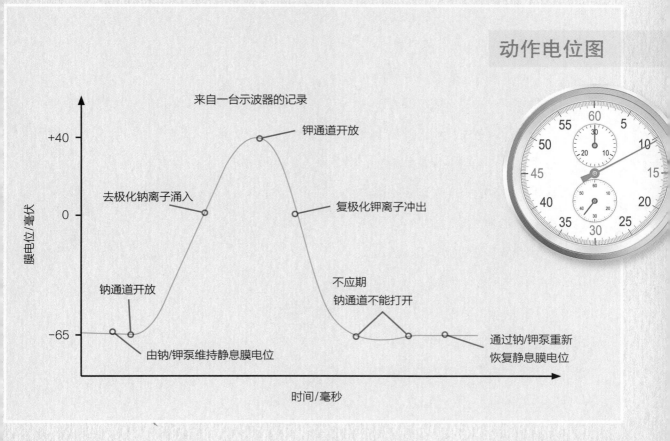

动作电位图

来自一台示波器的记录

钾通道开放

去极化钠离子涌入

复极化钾离子冲出

钠通道开放

由钠/钾泵维持静息膜电位

不应期
钠通道不能打开

通过钠/钾泵重新恢复静息膜电位

膜电位/毫伏

+40

0

-65

时间/毫秒

路线的终点——突触

一条轴突可以很短，只连接脑同一部位的两个神经元；也可以任意长。人类最长的轴突从脑干一直到脚趾，总长可能达到2米。蓝鲸身上类似的神经纤维总长可能有25米，并且一天之内可以增长3厘米。

▼ 电信号被转换成化学物质，这些化学物质通过突触的微小间隙迅速扩散。

不管多长，每条轴突都会在离下一个细胞不远的地方停止。神经冲动也是如此，但是信号会通过突触继续传递。

一条轴突或轴突的分支在距离下一个细胞的一块特殊区域很近的地方就停止了，这块特殊区域可以是一条树突、一个树突棘，或者有时是胞体。轴突的末端装满了一小包一小包的化学物质。其中一些小包在一个动作电位发生时会释放出化学物质。这种化学物质（一种神经递质）在两个细胞的间隙（仅有20纳米）迅速地扩散，并被突触后膜上的受体蛋白所识别。一个电信号就这样被转换成了化学信息。

神秘的工作方式

在电子显微镜下观察突触间隙，消除了神经科学中的一大争议。这一争议始于卡哈尔和高尔基关于神经元是有界细胞还是一个单独的网的不同论述。

另一个关于细胞-细胞信号之间的争议也在稍早时得到了部分解决。那么，脑是如何工作的呢？是通过一锅"化学分子粥"，还是通过电火花的方式？当动作电位最初被记录下来的时候，人们认为是电支配着一切。但是

▲ 奥托·洛伊。

化学物质的拥护者一直在研究，他们在1921年获得的一个发现证实了脑在以一种神秘的方式工作。

奥地利的奥托·洛伊（Otto Loewi）在培养皿中分离出了一颗跳动的心脏（青蛙的），并且刺激了能够减缓青蛙脉搏的神经。然后他尝试了一个他在梦中获得的想法。心脏周围的液体样本会使心脏跳动的速度降低吗？结果显示，确实如此。那么这些溶液中的某种东西一定是其原因。

通过大量的工作，他得以证明这其中的"某种东西"就是乙酰胆碱（acetylcholine），这也是第一个被识别出来的神经递质。

一个动作电位，许多输出

生物学喜欢例外，而生物学家们也发现了没有突触的轴突连接，在那里电信号通过一个间隙连接（gap junction）直接从一个细胞传递到另一个细胞。但绝大多数轴突连接都避免了这种高效的安排。为什么呢？

神经元能做的事情就是发送电信号，发送频率较快或较慢。但是得益于化学突触的变化，动作电位可以发送许多不同的信号。

现代的神经科学已经编制出了一个包含大量神经递质的目录。有一些神经递质作用于与离子通道相连的许多不同受体中的一个。如果通道打开并允许正离子进入突触后神经元，它就会使突触后神经元更接近放电状态，它就是兴奋的。而如果通道允许负离子进入，那它就是抑制性的。

谷氨酸是一种氨基酸，也是一种在细胞的生命中一直存在的小分子，它是最常用的兴奋性神经递质。另外两种氨基

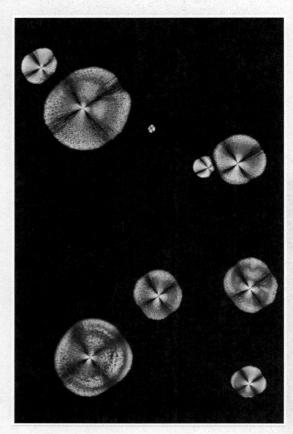

▲ 谷氨酸晶体。

酸则是抑制性的：γ-氨基丁酸（gamma-amino-butyricacid，简称GABA）和甘氨酸。

更复杂的效应是通过其他受体实现的。这些受体识别出一种神经递质，改变

自己的形状，并触发接收神经元内部的进一步变化。它们被连接成因果链，以控制细胞内的许多事件，如激活酶或改变基因的表达。其中主要的一类受体会与一种叫作G蛋白的蛋白质结合。不同的G蛋白受体会对包括乙酰胆碱、多巴胺和其他一些物质在内的神经递质做出反应。最近，一类新神经递质被分离了出来，它们是较大的肽分子。目前我们已发现至少100种不同的肽分子，而且这个数量还在不断增加。

所以典型的突触有很多附属物来对信号进行精细的调整。神经元的突触有许多不同种类，这是神经元最主要的特征之一。不同种类的突触的工作方式有所不同，因为它们细胞膜上蛋白质的详细空间分布在细胞之间和同一细胞不同区域之间有极大的不同。一个突触和一个神经元一样，几乎是无限可调节的。正如第七章中阐释的，这告诉了我们关于记忆和学习的理论。

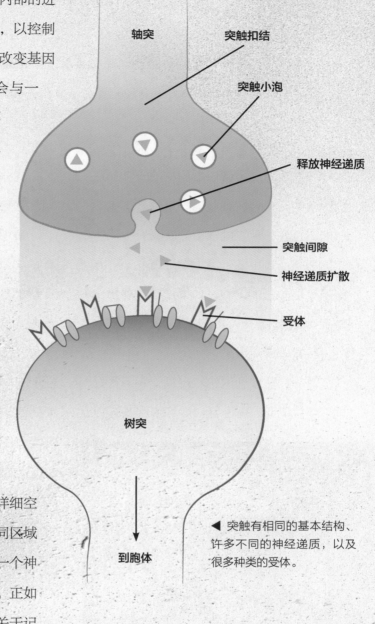

轴突

突触扣结

突触小泡

释放神经递质

突触间隙

神经递质扩散

受体

树突

到胞体

◀ 突触有相同的基本结构、许多不同的神经递质，以及很多种类的受体。

将突触放在一起

如果将神经纤维传输信号的孔和泵安排在演化的某个时刻同时出现，那可就太神奇了。但其实，有一些分子片段在神经元或突触演化出来前就已经被使用了。

动作电位依赖被称为电压门控离子通道的蛋白质。这类蛋白质构成的一个穿过细胞膜的孔，会在细胞内外电位差变化的影响下打开。现在的细菌拥有具有类似功能的蛋白质，可能是因为细胞需要一种方法来管理离子的流动。如果没有这些蛋白质，一个浓缩了离子的细胞就会吸收水分，然后破裂开来。

对蛋白质序列的比较可以让我们很好地猜测某些演化关系。因此，我们几乎可以肯定，最初的离子通道就是为钾离子量身打造的。复制它的基因并允许后期的突变，可使通道更好地适应钠离子和钙离子。

最近的工作有赖于生物化学家对一个样品中所有蛋白质进行研究的能力。例如突触的复杂性可以通过对接受细胞的细胞膜附近区域的蛋白质——被称为突触后致密区（post-synaptic density，简称PSD）的分析来体现。

直到20世纪70年代，PSD还被认为是电子显微图中的一个斑点。现在我们还不知道它的完整结构，但是以小鼠为例，一只小鼠脑中的PSD包含了1100多种不同的蛋白质。有些蛋白质让蛋白结构整体固定在合适的位置，而其余的则作为通道、受体、酶、信号分子，以及参与运输其他分子的蛋白质而存在。对跨突触的信号传输进行管理显然不那么简单。

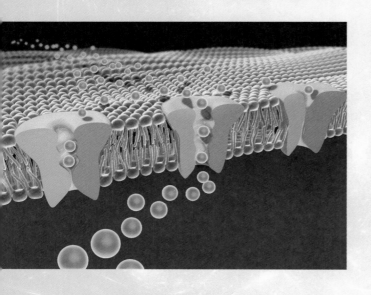

◀ 细胞膜上的离子通道有助于控制细胞内的压力。

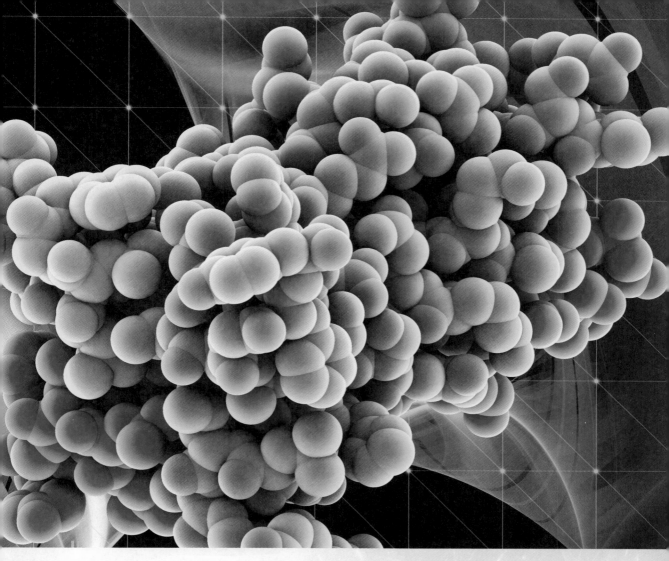

▲ 钾离子通道的部分模型。这部分蛋白质将四个相同的片段连接在一起，并在它们之间留有一个空心的孔，从而形成了金属离子的廊道。

这样一种奇特的结构是通过许多小步骤演变而来的。这提出了一种有趣的可能性，即更复杂的脑依赖更复杂的突触和PSD中更复杂的安排。

这是有相关证据的。小鼠有着比果蝇更复杂的突触附属物。看来，我们的脑的演化所涉及的变化比大脑皮质大小的变化要更微妙。我们可以推测，突触蛋白的改变让更复杂的网络中产生新类型的神经元。

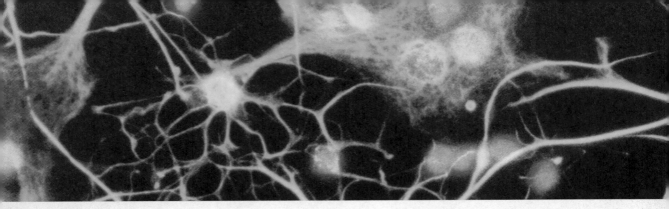

许多输入，一个输出

对突触的观察提醒我们，神经元之间是有连接的。因此，让我们把单个神经元放回网络中。即使只有一个神经元，它也会立刻表现得精彩纷呈。

这些神经网络围绕着这样一个问题：神经元是如何知道何时放电的？轴突产生一个动作电位来作为对输入信号的响应。我们也可以用一根电极来人为地进行一次输入。这样，一些影响输入和输出的因素就变得显而易见了。但是，确切来说，关于脑中的神经元是如何处理一系列不断变化的抑制性和兴奋性输入从而产生结果的，我们尚不清楚。大多数理论学家认为，神经元从所有输入的总和中计算出来该做什么，而这就是它处理信息的方式。这个比喻似乎很吸引人，但并没有告诉我们它是如何做到的。

我们所知道的是，有很多方法对输入信号进行不同的加权，即调节神经元所感知到的信号。更多的发现仍在继续。以下是其中一些发现。

最重要的输入可能是来自影响离子通道的神经递质的直接输入。兴奋性输入打开钠离子通道，使正电荷穿过细胞膜，并使细胞更接近放电的电压阈值。抑制性输入为带负电的氯离子打开通道，其效果正好相反。在这些门控通道上的神经递质能很迅速地起作用。

然后就是调节。在细胞中释放化学信号的蛋白质受体有许多作用。有些涉及不

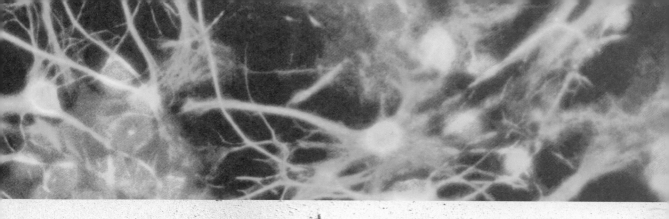

同的离子通道；另一些则影响酶，甚至是基因。这些变化中的任何一个都可以让细胞作为一个整体更多或更少地兴奋。

另一种我们知之甚少的调节来自树突。树突可以是一个突触输入相对简单的导体，但许多神经元有着更复杂的树突，它们有自己专门的离子门阵列。这使得有些树突可以自己发起微弱的电信号。无论外来的输入信号，还是自发的信号，都可以兴奋或者抑制一个神经元。最常见的

一类胶质细胞——星形胶质细胞，则在电学和化学方面对神经元的输出有着自己的贡献。

所有这些相互作用促成了以毫秒计的输出结果：一个神经元产生一个新的动作电位，或保持安静，而数万亿个这样的神经元用某种方式结合起来，就形成了我们每时每刻的想法和感受。

▼ 如图所示的这些树突位于大脑皮质，它们的结构和对从突触传入信号的反应差别很大。

一个神经元的所及之处

一个神经元是一个小小的细胞，是上亿个细胞中的一个，它会发出微弱的电信号。但是，单个神经元可以拥有惊人的覆盖范围。

在物理距离上，我们早就知道，一个绝缘良好的轴突可以从脑延伸到脚趾。

更重要的是一个神经元可以产生的连接的绝对数量。这个数值极大，因而平均的数值都是近似值。对一大堆细胞进行计数都是有难度的，更不用说突触了。有一些神经元只有几个连接，而大脑皮质中的浦肯野细胞（Purkinje cells）精巧的树突树则可以产生10万个突触。突触的总数可能有数万亿个。在发育过程中对大量的突触进行修剪并不意味着这些连接一开始是随机产生的。轴突的生长方向、树突何时何地长出分支和棘等都受到微妙的控制，这些目前仍在研究中。

我们再来考虑一下数量。假定一个神经元连接的细胞数平均为1万个。现在我们让与这第一个神经元连接的1万个神经元的每一个又与另外1万个神经元连接

（轴突的一个分支偶尔会向后延伸，与自身细胞形成连接，但并不常见，因此不足以影响这些数值）。如果相连的细胞之间没有重叠，我们现在就有了1亿个有连接的细胞。如果这些细胞中的每一个都能再产生1万个连接，那么我们总共拥有的连接的数量至少是人类脑中神经元数量（平均为1000亿个）的10倍。

关键不在于真正的脑是否是这样的（它并不是这样的），而在于神经元生长出网络的能力。从原则上讲，任何单个细胞不超过3步就能连接到整个脑。要想探查神经元是如何工作的，我们就必须考虑这种连接的力量。

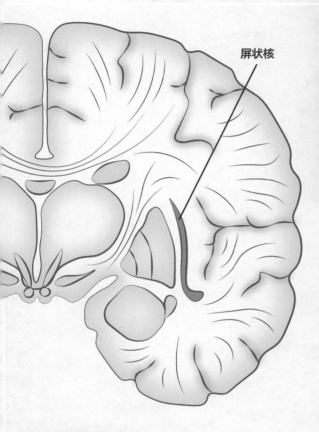

屏状核

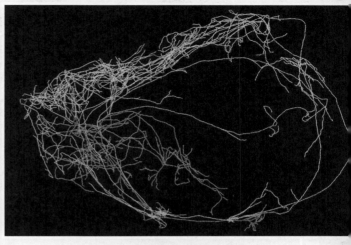

▲ 一张来自绿色荧光蛋白显微镜的数字重建图，追踪着"荆棘之冠"神经元在小鼠的脑周围形成的所有连接。

◀ 在被称为屏状核的小区域，有一些神经元与小鼠脑的几乎所有外层部分都有突触连接。

缺失的环节？

每个神经元都需要与它所涉及的任务相适应的连接，有些连接很近，有些则很远。哺乳动物的脑（至少是小鼠的脑）中确实有一种神经元，其纤维可以接入整个脑中。

在2017年的一次科学会议上，有科学家们绘制出了3个细胞的连接图谱。我们所说的细胞就是其中之一。这3个细胞都延伸到了脑的两个半球的不同寻常的区域。其中一个细胞的绰号为"荆棘之冠"，它的连接通路遍布整个脑的外部。

在美国艾伦研究所（Allen Institute），克里斯多夫·科赫（Christof Koch）对神经网络进行了艰辛的成像工作，并指出这些神经元位于脑中被称为屏状核的区域，而他认为这个区域与意识有关（第十一章）。这些所及范围甚广的神经元可能并非自我意识的关键——在小鼠或人类中都是如此——但看起来它确实在整合来自脑的不同区域的信息方面发挥了一定作用。

第五章

CHAPTER 5

WHAT'S HAPPENING?

正在发生着什么?

绝妙的感觉

　　根据英国生理学家约翰·扎卡里·杨的说法，知觉（perception）是"一种与生活有关的信息的搜寻"。我们的脑通过感觉（sense）获得这类信息。我们可以通过味觉和嗅觉来感知分子，这是一种我们与最简单的细菌共有的能力。我们能感知周围空气在振动，也就是能听到声音。我们可以通过视觉系统感知光子。我们还可以感知到力量，也就是皮肤的触觉和我们身体内部对位置和运动的感知。

　　所有的感觉都依赖特定的细胞。这些细胞有一种直接体现输入信息的方式。不管用的是什么方式，它们改变了细胞膜内外的电位差，并触发了感觉神经元的放电。因此，每种感觉都将传入的信息转换成了电信号的输入，即脑的通用代码。

　　这一部分很容易理解，困难之处在于弄清楚接受感觉输入的网络是如何处理这些初始信息的。最终，每种感觉都将产生一个对脑外部世界的"表征"（representation）。此处"表征"这个词是很重要的。我们所看见的东西，感觉上似乎是对真实存在于那里的事物的一种直观的视觉体验，然而它并不是。这是一个时时刻刻都在进行的构建，是对许多输入信息进行了若干次复杂的加工后所呈现出来的东西。其呈现出的结果更像一种可行的假设。在通常情况下，当我们按照这样的假设行事时，结果证明这些假设是正确的。感官演化的目的是传递信息、增加有机体的生存机会，所以对现实的某些特征做出一个更好的近似估计总是有回报的。但是，它仍然是一个假设。

　　在这些假设的基础上，我们的脑产生了越来越复杂的行为。但首先，它必须收集信息，好让我们合理地猜测自己应该对什么做出反应。

视觉化的漫漫长路

读文字的时候，你会感觉到眼睛后面好像有一个固定的位置，你可以从那里意识到这些文字所产生的场景。神经科学则要讲一个完全不同的故事。它并未揭示出脑中产生影像的具体位置。相反，来自眼睛的信号要进行一个漫长的转换过程。

想象眼睛正在进行扫描并生成了一个数据流。进入视野的光被转化为轴突中的电脉冲。这些电脉冲被分阶段加工，每一阶段都会产生一系列新的神经信号，然后被传递给视觉系统的下一个部分。

我们对这些发生在脑的不同部分的加工阶段有很多了解。有些加工是并行发生的，并且是把视觉图像的特定方面分开进行加工的。视觉输入很容易被控制，许多研究（主要是在猫和猴子身上进行的研

▼ 同一次磁共振成像扫描得到的人类眼睛和脑的图像。

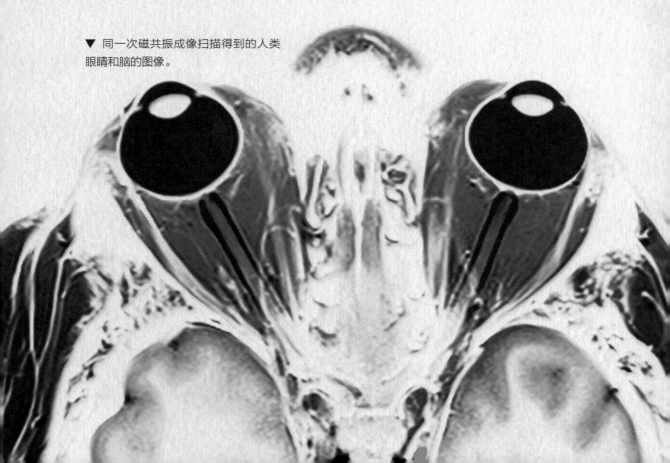

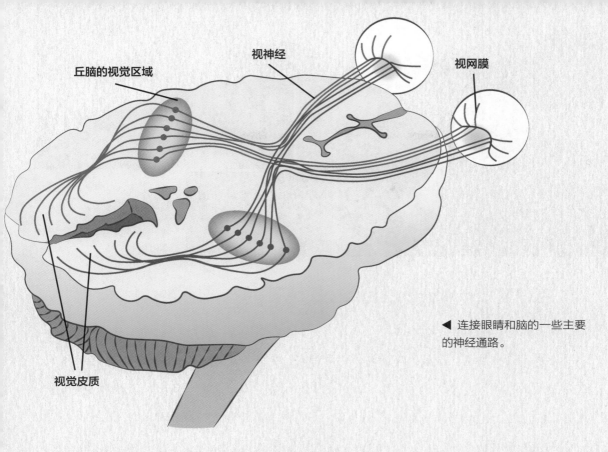

丘脑的视觉区域

视神经

视网膜

视觉皮质

◀ 连接眼睛和脑的一些主要
的神经通路。

究）已经将特定的输入与单个神经元的记录联系了起来。

将大量的视觉刺激转换成图像的加工过程始于视网膜。它通过视神经将第一个结果从眼睛后部发送出去。视神经相互交叉，且每条神经束都是被分好类的，这样来自一侧视野（也来自两只眼睛）的信号就会被传送到对侧的脑半球。

接下来信号会到达丘脑中被叫作外侧膝状体（简称外膝体）的地方，然后到达大脑皮质，特别是位于脑后部的初级视觉皮质。

大脑皮质的许多其他部分也参与其中。大脑皮质与丘脑之间还有大量的"反向"连接。尽管这是视觉加工的主要通路，但还存在其他辅助通路，它们对昼夜节奏的显示和眼睛的运动的控制很重要。

这是人类最复杂的感觉系统，好在它已经被非常详尽地研究过了。它展示出，我们的知觉被简单的元素分阶段建立起来，还不断收到来自更高层级的反馈，向我们提供外部世界呈现给我们的事物的信息。

▲ 眼睛中的细胞开始了一个复杂的图像生成过程。

◀ 一台数码照相机捕捉到一组像素。

光落下的地方——视网膜

　　光线穿过眼睛前部的晶状体而聚焦到后部的一小片细胞上。我们过去常说，眼睛就是在这一点上不再像照相机了。不过，也许这个比喻在如今更适用。现代的数码照相机没有胶片，它通过一个光子探测器来捕获图像，并将电子信息传送给计算机处理器。眼睛就有点像这样的照相机。

　　视觉系统在这一过程中展示出，感觉器官并不只是在被动地接受刺激，它们的任务被设定为搜索。眼睛在持续运动，以便在视野中搜寻重要的信息。视网膜也不是一个被动的中转器。图像的加工从这里悄然开始。

　　眼睛的后部有两类感光细胞。其中，视杆细胞能感知任何光线，无论光线多么暗淡。而数量较少的视锥细胞则能在强光下识别细节，并且能对不同波长的光做出不同的反应，这使得脑在随后的过程中能够创造出颜色。大多数人有三种视锥细胞，有些人只有两种，但也有些人有四种，他们能更好地辨别颜色。

　　感光细胞位于另外两层细胞的下面。感光细胞正上方的那层细胞基本也算是神经元，能感知到感光细胞中电势的变化并将其传递下去。而最上面一层的神经节细胞是典型的神经元，它们从下面一层接受传入的信息，并按信息指示在正确的时间提高或降低放电的速率。每个神经节细胞将一串尖峰脉冲沿着一条轴突发送出去，而这条轴突通往视神经，因此这些信息必须从眼睛最后面往前层层传递，这样才能离开眼睛后部。

这种稍微有点混乱的传递之所以是视觉加工的第一步，是因为神经节细胞权衡着来自其下方多个细胞的输入。人体的感光细胞大约有1亿个，但神经节细胞只有100万个。它们之间还包括"水平细胞"，通过连接本层及上下层中的细胞群，来帮助过滤视网膜输入的信息。

▼ 视网膜的显微解剖图。

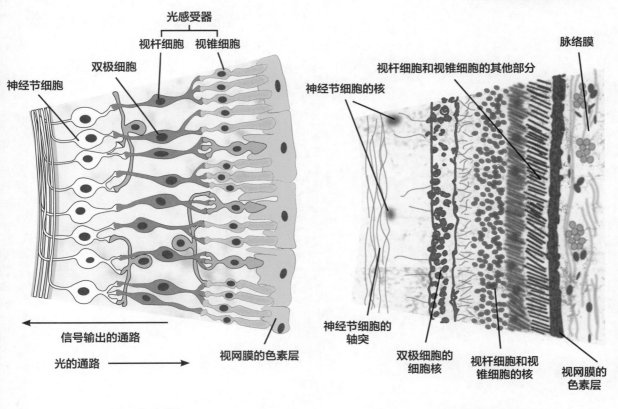

视网膜神经层的细胞

视网膜的纤维照片

看见不可见的

视觉是一种特别容易用自己来做实验的感觉。你可以很容易地证明自己的盲点的存在：在一张纸上画出相距几厘米的一个叉和一个圆点（见下图）。遮住你的右眼，用你的左眼盯着那个圆点，然后慢慢地把纸移近一点，你会发现近到某个位置的时候叉就消失了（也可遮住左眼，用右眼盯着叉，慢慢靠近，直到圆点消失）。

这个实验虽然简单，但是意义深远。重要的不是盲点的存在，而是人们通常意识不到它。虽然你的视网膜上有一小块区域稍微偏离中心，且其中没有光感受器，但你的脑填补了这个空白。

一个更复杂的盲点实验让我们相信，

找到你的盲点

盲视

脑通过"修补"盲点的方法，让我们在视野中没有外界输入的区域也产生了有意识的感觉，而更让人感到神奇的是一些视觉皮质受损伤的病人所表现出来的能力。当损伤只影响到一个脑半球时，这一能力最容易被证明。这样的病人有一侧，也就是视觉皮质受损那侧的对侧是失明的。如果让他们在不移动眼睛的情况下猜测光线是在失明一侧的哪个区域闪现的，他们大多数情况下能指出正确的位置，即使他们从来没有"看到过"那个闪光。

这种能力被称为"盲视"。在某些案例中，病人能够猜测出眼前呈现的是一个十字还是一个圆，以及眼前一条投影线的朝向。视网膜输入的信息被脑的其他部分接收和加工，而病人脑中的这些部分却无法连接到产生意识图像的那部分视觉系统区域。我们的感官让知觉得以发生，但大部分是在意识水平以下发生的。

▼ 看到闪光并不一定是有意识的，而脑仍然可以记录到光。

脑对空白进行填补的事实确实以某种形式存在。例如，在一只眼睛前投射一个彩色的甜甜圈形状，并保持静止。如果甜甜圈的外层恰好在盲点之外，而甜甜圈的里层恰好在盲点的里面，那么受试者就会看到一个纯色的圆圈。这表明，我们意识到的图像并不是从视网膜后面投射出来的、简单读取的信号。

神经元能"看见"什么？

关于视觉如何工作的最佳线索来自对视觉系统不同部分的单个神经元的记录。它可以告诉人们，眼睛前面的图像元素是如何影响一个特定的细胞的。受关注的那个细胞的反应可能距离信号输入有好几步，但仍可以帮助我们拼凑出脑是如何将图像分解开加工的。

几十年来，研究人员主要在动物身上进行相关实验。这些实验已经帮助我们证实了，一幅图像的许多不同方面会激活特定的神经元，使眼睛和脑能够探查到面前的场景的特定特征。

早在20世纪30年代，人们就发现，在一只青蛙简单的视觉系统中，有些细胞在亮灯时放电，而有些则在关灯时放电，还有一些在灯进行开关切换时放电。

20世纪50年代，极具影响力的神经生理学家斯蒂芬·库弗勒（Stephen Kuffler）指出，细胞不仅仅在它们的感受野（receptive field）里寻找一种简单的"命中"。在一只青蛙的50万个视网膜神经节细胞中，有些细胞会在它们感受野的中心有光而外围没有光时做出反应，而其

▶ 瞄准目标：青蛙的视觉加工非常适合定位昆虫猎物。

他一些细胞则恰恰相反。在感觉加工过程中，感觉系统通常对显著的差异感兴趣。

更多的青蛙实验揭示了视网膜神经节加工的细节。1959年一篇题为《青蛙的眼睛告诉了青蛙的脑什么》（*What the frog's eye tells the frog's brain*）的经典论文，展示了青蛙如何注视着微小的、暗淡的、移动的物体（潜在的昆虫猎物），而似乎很少看到其他东西。正如作者所说："眼睛用一种已经被高度编译过的语言与脑交谈，而不是将光线在感受器上分布的精准复制副本传输过去。"我们这样的生物体也是如此，我们的视觉系统要比捕虫的青蛙有着更多的加工层次。

"突然间，监听器像一架机关枪般开起火来"

即使眼睛对视觉图像进行了各种复杂的转换和加工，从视网膜图像到初级视觉皮质之间依然存在一个粗略的映射——视网膜图像的一个区域及其相邻区域在初级视觉皮质上也是彼此相邻的。请记住，这在视觉加工中很重要。但是皮质细胞除位置外还知道些什么呢？

20世纪50年代末的一项意外发现很有启发性。大卫·休布尔（David Hubel）和托斯滕·威塞尔（Torsten Wiesel）当时正在研究猫的皮质反应，他们将幻灯片插入

▼ 大卫·休布尔（左）和托斯滕·威塞尔（右）在实验室中。

一台眼底镜中，从而给猫的眼前投射出光点。这样记录到的皮质反应没有多大意义。后来他们意识到，一个被他们用微电极连上的皮质神经元在幻灯片插入眼底镜的时候迅速地放电。休布尔后来写道："突然间，监听器像一架机关枪般开起火来。"这个特殊的细胞并非对一个光点有所反应，而是对一条黑暗的边缘有反应，而且只是在边缘移动的时候才有反应。

▲ 猫的视敏度（visual acuity）比人类的低，而且猫在光线较暗时视力更好，但它们脑的部分加工过程和我们是相似的。

有了这个线索，他们继续追踪对相关的特征（以特定角度倾斜或移动的线）有反应的细胞。线的长度和方向也很重要。

他们还证实，大部分的皮质细胞都能收到来自两只眼睛的信息，这与丘脑的视觉区域的神经元有所不同。尽管一个细胞可能对其中一只眼睛的信号的反应会比另一只的更强烈，但来自左右两个视网膜的信号在这个过程中的某个节点已经融合到一起了。一种放射性标记技术可以选出活跃的神经元，并展示出这种"单眼优势"是如何在这部分皮质里那些有序地混合在一起的细胞中排列开的。

这相当于对视觉系统的一部分进行了深度解剖——这为他们赢得了1981年的诺贝尔生理学或医学奖，但这仍然只揭示了视觉系统的一部分，例如，这些细胞的放电并不意味着移动的边缘是在那个时刻被有意识地看见的。这是对来自视野的信号进行加工的一个阶段，接下来将形成输入信号并传送给系统中那些更高层次的进行组合加工和比较加工的网络。

一张图像，许多张图谱

休布尔和威塞尔发现了对一种类型的视觉特征做出反应的皮质图谱，自那以后，这方面的工作取得了巨大的进展。在拆解和拼凑视觉加工过程的相关研究中，有三类科学证据汇聚在一起：第一类是对脑损伤的人或动物进行常规研究的结果；第二类是对单个神经元信号进行记录所产生的更精确的数据；第三类则是刺激特定细胞并去追踪这种刺激在人类或动物行为中的影响的研究结果。

人们研究了大脑皮质的其他区域，这些区域加工一个场景的不同部分。输入这些区域神经元的信息已经被安排好了，这样它们就可以记录深度线索、轮廓、光的波长和颜色（这二者不是同一样东西），以及各种各样的运动等。视觉皮质就像一组图像处理器，对原始输入的不同方面进行调整。

研究人员沿着轴突进入一些能够进一步加工所有来自初级视觉皮质的信号的区域。现在这些神经反应更直接地指向更复杂的模式，比如一张脸。

　　我们知道,识别一个人的脸可能依赖一个单独的神经分析过程,因为有些视力正常的人完全无法做到这一点。这种脸盲症,或称面孔失认症,甚至会让他们无法认出亲近的人或每天看到的人。他们会说看到了一张脸,但不能把它和一个特定的人联系起来。他们只能通过体型、头发或声音等其他特征来判断这是谁。

　　2005年,美国加州理工学院的研究人员所做的实验显示,当人们识别一张特定的脸时,其脑内的某些神经元会放电。该研究的受试者是在癫痫治疗期间接受临时电极植入的病人。其中一些病人脑内有一种被媒体戏称为"詹妮弗·安妮斯顿神经元"的东西。

　　这是一种习得的反应,而且如果专心地研究一张脸,这种反应在几天内就能形成。令人高兴的是,它对任何人的脸都适用,而不仅仅适用于媒体上名人的脸。这不仅对视觉识别,还为研究学习和记忆背后神经连接的变化开辟了新途径(见第七章)。

编码一张脸

2017年的一项惊人发现让我们对脑在视觉上处理人脸时实际进行的图像加工方式有了初步的了解。曹颖教授（Doris Tsao）的团队在美国加州理工学院研究了猕猴脑中已经被确定为"面部区块"的一小组细胞。

曹颖教授的团队深入地研究了猕猴脑的"面部区块"中发生的编码过程，并揭示出："一个非常简单的用来识别面部的代码……既可以用来从群体中精确地解码真实的面部图像，也可以用来准确地预

▶ 计算机绘制逼真的图像需要进行大量的数据处理加工。或许我们的脑更巧妙？

◀ 我们可以通过少得令人惊讶的信息来识别一张脸，但这是如何做到的呢？

测神经放电的速率。"

这意味着，他们发现单个神经元并非对一张特定的脸做出反应，而是对脸的简单特征做出反应。

他们的实验从一个抽象的编码系统开始，该系统将人脸图像分解成一组包含50个要素的简单测量值。他们用这种编码制作出200张不同的由计算机生成的脸，这些脸的精确测量值有所不同。

他们让猕猴看这些图像，并发现猕猴"面部区块"上的单个神经元对特定的脸测量值做出了反应。若他们对足够多的细胞绘制图谱，他们就能够通过神经反应来重建猕猴看到的人脸。原始图像和推断图像的匹配度非常好，以至于他们提出，脑一定也在使用他们的编码。

如果真是这样的，那么他们就有了一个与一种关键知觉能力的实际工作方式很接近的编码系统。这说明，一只灵长类动物中有几百个神经元对面部细节进行编码，而每个神经元都专注于面部所有要素中的一个要素。如果一组脸看起来不太相同，但其在一个神经元敏感的那个维度上的测量值都是相同的，那么这个神经元对每一张脸的反应将会是一样的。也就是说，辨别出不同的人脸需要一整套神经元。

识别一张熟悉的脸当然会涉及脑的其他区域，但以上是对脸的原始编码的一个强有力的新见解。即使是一张备受人们喜爱的脸，首先也会被简化成几何图形。研究人员推测，未来的研究将向我们展示出其他复杂物体的形态是如何以类似的、相对简单的方式被编码的。

描绘场景

　　视觉系统的大致轮廓已经被描绘得相当好了。视觉加工始于眼睛后部，并继续在丘脑及视觉皮质的不同区域进行。和其他感觉系统一样，这个系统有很多重叠和冗余。但所有分析的结果随后主要传到顶叶（这条通路也被称为背侧通路）或通过腹侧通路到达颞叶和额叶。

　　背侧通路和腹侧通路最初被称为"在哪里"（where）和"是什么"（what）的通路。人们认为，其中一条通路专门处理空间信息，而另一条通路则处理对更复杂事物的识别。事实上，这两条通路都涉及解码"是什么"及"在哪里"。不过背侧通路确实会产生与动作相关的输出，而腹侧通路则通向与识别更关联的区域。

　　这引出了一个问题：什么时候把脑看成一组相互独立的模块，什么时候又要把它看作一个整体？

　　类似的是，对视觉系统的研究也提示：我们的脑有点像一个简化论者。它将一幅图像分解成许多不同的部分：一个移动的光点、一条边、一个孔隙、一个轮廓、两种不同的颜色、一个类似人脸的图案，等等。

　　尽管一个视力正常的人可以根据需要任意挑出以上这些不同的细节，但我们对一个场景所产生的感觉通常并不是分割开的。我们并不清楚这种感觉是如何产生的。弗朗西斯·克里克在30年前展望神经科学的未来时提出，我们对脑如何将一幅图像分解开来已经有了很多了解，但对脑如何将其重新组合在一起却知之甚少。到今天这仍然是一个公允的总结。

　　不过，这忽略了另一个问题：脑是否需要一些特殊的神经网络区域来组装图像？这很快就变成了一个更难回答的问题：我们能确定意识所在之处吗？我们将

▲ 如果我们的脑可以提供缺失的
细节，抽象艺术家就可以用几笔画
出一个场景的特征。

回到这个问题上来，但其实我们
并没有一个简单的答案。

你能看到什么，狗还
是猫？

愉快的共鸣

我们退后一步，远离细节，便能发现视觉系统有两点非常突出。一是视觉输入要通过若干个阶段以不同的方式进行加工。二是在各个层次上，有丰富的并被大量使用着的连接来帮助脑产生和检验关于外面的假设。

尽管其中的细节我们还不是很清楚，但我们从脑处理声音的方式中同样发现了这些特征。在听觉方面，外界空气的振动传入内耳，引起其中螺旋状耳蜗内部的液体振动，感觉细胞则将振动转换成轴突尖峰。这些被称为毛细胞的细胞异常敏感。它们有微小的纤毛，当纤毛哪怕只移动0.3纳米（大约一个原子的宽度）时，它们就能做出反应。

毛细胞产生的信号通过一个神经中转站后进入脑干。从那里，它们可以沿着一整套通路到达参与分析声音的大脑皮质的第一部分，而这套通路尚未被完全追踪到。我们确实已经知道，支撑着毛细胞的耳蜗膜可以沿其长度对不同频率做出反应，并且这些毛细胞的相对位置在最开始的皮质映射图谱中被保留了下来。

这是听觉系统跟踪频率的一种方式。另一种

▲ 柯蒂氏器（Corti）是耳蜗的一部分，在这里毛细胞将振动转化为轴突尖峰。

▼ 内耳中的毛细胞。

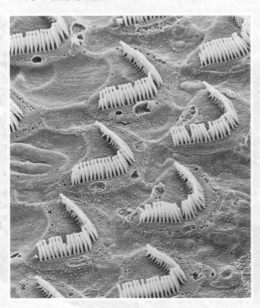

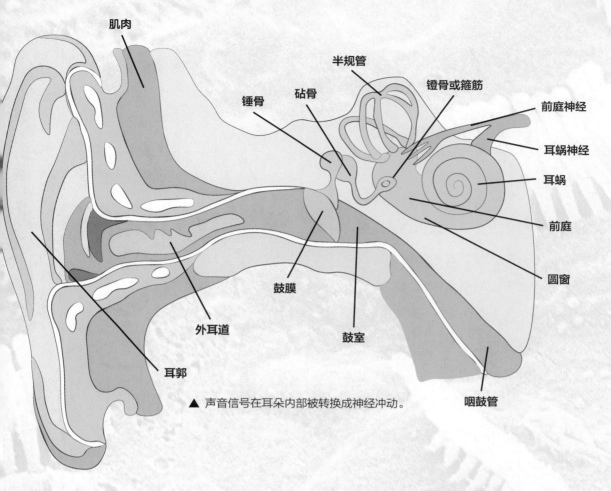

肌肉

半规管

锤骨　　砧骨

镫骨或镫筋

前庭神经

耳蜗神经

耳蜗

前庭

圆窗

鼓膜

外耳道

鼓室

耳郭

咽鼓管

▲ 声音信号在耳朵内部被转换成神经冲动。

方式则利用了以下事实：这个系统中的刺激（可听到的声音）的频率在神经元放电的频率范围内。这意味着，高达5000Hz（人类的听觉频率范围是20～20000Hz）的频率也能够被产生相同频率轴突尖峰的神经元进行加工。

听觉还必须体现出声音的强度，而强度和时间的细微差别可以让我们分析出声音发出的方向。

接下来更复杂的加工过程涉及对相似的声调、复杂的混合频率或者频率不断变化的声音（比如吉他的揉弦声）做出反应的神经元，以及可以体现声音持续时间的差异的神经元。

然后形成声音的象征意义。它依靠与语言相关的区域（就像布罗卡很久以前识别出的那个区域）的连接而进行更多的加工。

空气中的事物

"气味比声音或图像更动人心弦。"

▼ 这幅关于一只狗嗅球中神经元的手绘图是高尔基于1875年创作的。

一只狗在城市街道上无拘无束地走着，它不停地移动，鼻子嗅来嗅去，以搜寻新的气味。这提醒我们，每种生物都在使用它的感觉器官来寻找有价值的信息，而不是被动地接收信号。

我们在狗身上发现了这一点，是因为它待在靠近地面的地方，并且花了大量的精力去识别气味。犬科动物的嗅觉上皮（olfactory epithelium）位于鼻腔后部，这是它嗅觉开始的地方的细胞层，那里有2亿个感受器。而我们人类这种两足直立动物优先使用视觉，因此有500万个就够用了。

尽管如此，嗅觉还是很强大的。吉卜林（Kipling）写道："气味比声音或图像更动人心弦。"神经科学家也认可这一观点。飘到鼻子后部的分子激活了一些细胞，这些细胞将信息沿着神经纤维经由嗅球和丘脑直接传递到海马区和杏仁核这两个唤醒情绪的区域。

严格来说，我们在水中探查到气味而非

在空气中，是因为"气味分子"要先溶解在黏液中，才能与它们的感受器相结合。分子探测器最初是在水介质中演化而来的，并且从那时起就一直在水中运作。

感受器的多样性再次展现出了嗅觉的重要性。哺乳动物嗅觉感受器的基因家族被发现于20世纪90年代，其中啮齿动物中有多达1000种不同的基因。人类已经摒弃了许多感受器，但仍拥有至少350种不同的感受器。大多数嗅觉细胞只对应一个种类的感受器，并且来自每种感受器的信号都被送往嗅球的同一区域。

嗅觉系统的特征也是重叠和冗余。每个感受器能识别许多不同的分子，而任何给定的分子都能在不同程度上激活不同的感受器。几乎所有人都认为感受器在对分子的形状做出反应，不过也有其他理论深入量子力学中去解释嗅觉反应的多样性。

之后更高层次的加工是对一个特定分子混合物的信号模式进行分析，从而产生对一个特定气味的感知。我们知道自己可以辨别出成千上万种气味，而上限可能比这还要多得多。

▼ 多亏350种不同的嗅觉感受器，我们才可以闻到如此美妙的酒香。

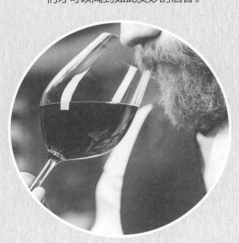

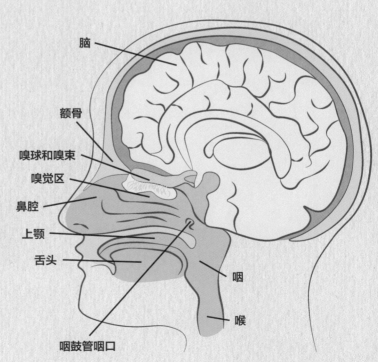

脑

额骨

嗅球和嗅束

嗅觉区

鼻腔

上颚

舌头

咽

喉

咽鼓管咽口

美味的

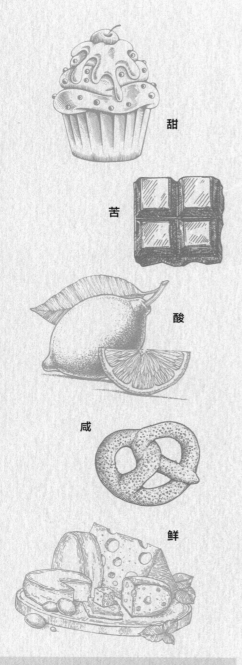

甜

苦

酸

咸

鲜

五种味道

味觉和嗅觉一样，也是化学感觉，但它比嗅觉稍微简单一点。把气味看作抵御危险化学物质的第一道防线，这是很有道理的。气味就在那里，你可以拒绝去看、去听、去触摸或去品尝，但要不去闻（中断嗅觉），就必须停止呼吸。味觉确实会告诉你去吐出某些有毒的食物，但它似乎主要为了增强偏好，而非促使你回避。

这一系统相对粗糙的辨别主要是从感受器末端开始的。人类的舌头和嘴的其他部分有5000～10000个味蕾，每个味蕾上大约有100个感觉细胞。

五种基本味道——甜、咸、苦、酸，以及最近加进来的鲜，都依赖于以不同的方式工作的感受器所产生的神经信号。咸和酸分别取决于针对钠离子和氢离子特殊的通道蛋白。其他味道则来自一大群以形状为基础的感受器，其中苦味所对应的感受器数量最多，这或许反映出由不同植物所产生的有毒化学物质的范围是最容易被我们规避的。所有这些细节都来自21世纪的研究，但我们对感受器信号被解析为味觉的精确方式还不清楚。不过我们已经知道，嗅觉感受器会与被咀嚼的食物的分子相互作用，对整体的味觉感知有很大的贡献。

味觉细胞

你可以在你的舌头上看到小乳突（乳头状突起），那是味蕾等待感知进来的化学物质的地方。但在过去的几十年里，研究人员在身体的其他部位也发现了同样的"探测器"。我们没有意识到这些，是因为它们并未与脑中加工味蕾信号的区域相连接。肠道里的苦味感受器可能有助于我们对变质的食物产生无意识的反应，而鼻子和肺中的类似细胞在感觉到有害细菌的产物时，会诱发我们打喷嚏。

肠道中的甜味感受器似乎与神经系统没有直接的连接，但会影响有助于消化的激素的释放。此外，人类还拥有更多的味觉细胞，比如在胆管中的那些味觉细胞，但目前它们的功能尚不明确。

▼ 舌头表面的乳突。

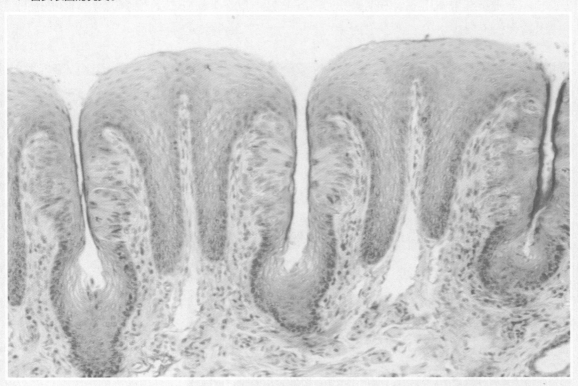

受到触动

触觉和嗅觉一样，明显具有功能性，但也有着强烈的情绪。我们谈论对某人的感觉或被触动的感受，有时是隐喻性的，有时却并不是。

皮肤是我们身体内最大的感觉器官。它能感知纹理、振动和压力，也能感知热、冷和疼痛。它可以对外部事件（比如踩在玻璃上）产生近乎即时的反应。它也参与了对与其他感觉器官有关联的信息的找寻。想想看，你摸一摸口袋，就能从中找出适合投入老虎机的硬币。你的手指必须在口袋里翻动，然后记下你所"遇到"的不同形状和大小的事物。

在更复杂的生物中，与物体的简单物理接触同样非常重要。触摸在交流中也扮演着基本的角色：梳理毛发、拥抱、爱抚和亲吻，甚至挠痒痒，都融入我们的社交、性和家庭生活中。

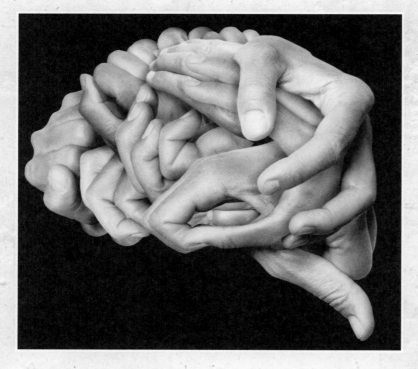

◀ 肌肤相亲有助于有效的交流。

触觉细胞

　　所有这一切都始于一系列不同的感受器。早在19世纪70年代，德国解剖学家弗里德里希·梅克尔（Friedrich Merkel）就发现了"触摸细胞"，现在又被称为"梅克尔细胞"。梅克尔触盘（Merkel disc）中的一小部分"触摸细胞"会对边缘和拥有粗糙纹理的表面产生反应。只要触觉刺激一直持续，它们就会一直放电，而且被称为"鲁菲尼末梢"（Ruffini endings）的神经末梢也会放电。四个一组基本的触觉传感器主要依赖两种类型的细胞，一种靠近皮肤表面，另一种更深一些，它们分别记录低频和高频振动。

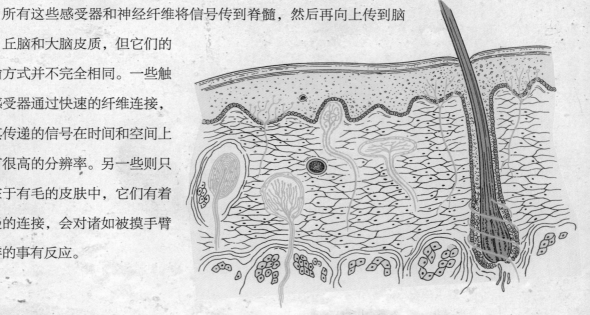

▲ 一个梅克尔细胞。

　　除了这些力觉感受器，皮肤还有自由的神经末梢，赋予皮肤其他方面的敏感性。它们能感受轻微的接触，而且它们是一些强烈的感觉的起点，包括疼痛、炎症刺激、瘙痒，以及热与冷。有毛发的皮肤上（近距离观察时你会发现大部分皮肤上都有毛发）还有额外的神经末梢来感知毛发的运动。

▼ 不同类型的触觉感受器就在皮肤下面。

　　所有这些感受器和神经纤维将信号传到脊髓，然后再向上传到脑干、丘脑和大脑皮质，但它们的传输方式并不完全相同。一些触觉感受器通过快速的纤维连接，使其传递的信号在时间和空间上都有很高的分辨率。另一些则只存在于有毛的皮肤中，它们有着较慢的连接，会对诸如被摸手臂这样的事有反应。

一次精妙的探索

▶ "感觉矮人"模型和怀尔德·彭菲尔德。

癫痫的外科治疗通过分离大脑的两个半球为神经科学带来了新见解。加拿大的怀尔德·彭菲尔德（Wilder Penfield）则通过在手术前将电极轻轻插入病人的大脑皮质，并询问仍有意识的病人感觉到了什么，从而对病人大脑皮质的表面，尤其是处理触觉感受器信号的那一部分皮质进行了探索。他的直接目的是在不损害正常组织的情况下，取出诱发癫痫的那一小部分皮质，但是在对400名病人进行研究后，他描绘了一幅更大的图景。

彭菲尔德在20世纪30年代开始了这项工作，并且他的工作成果经受住了其他方法的检验。他的工作也使神经科学领域一些著名的图像得以问世。

1950年，他与医学艺术家霍尔特斯·坎特利（Hortense Cantlie）合著了一篇论文。在论文中，坎特利绘制了大脑皮质的感觉带和运动带以及各自与身体不同区域的对应图。图中每个区域的大小都与它所代表的皮质部位的大小相匹配，于是我们可以看到嘴唇、舌头、手和脚都被很大限度地放大了。

彭菲尔德用同样的数据组装了一个人形模型。这个"感觉矮人"（sensory homunculus）成为伦敦自然历史博物馆的一件著名展品。它可能给人的印象是在脑袋里面的某个地方有一个小小的、扭曲的人物形象，但它仍然是通往神经科学的一扇很受欢迎的大门。

无论彭菲尔德，还是坎特利，都没有为女性绘制出一个类似的图像——要叫"女矮人"（hermunculus）吗？因为外科医生治疗的女性病人较少，而且可能他们也不被允许报告或询问女性关于生殖器的感觉。有关女性的这种感觉映射，研究人员还没有完全详细地进行了解。

事实上，彭菲尔德在绘制男性生殖器映射时也犯了一些错误。他将男性生殖器的感觉输入（稍微放大了）定位在皮质上与足部相连的区域附近，并认为这可能是恋足癖产生的根源。然而，最近的研究发现将阴茎对应的感觉区定位到了一个与其他皮质区域更接近的位置上。

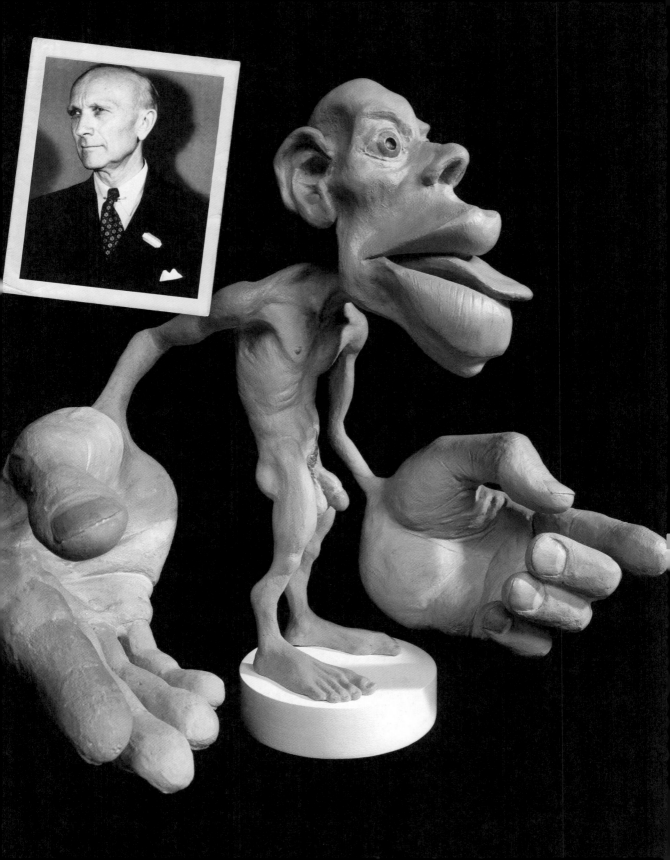

伸出手，我就在那里

每个人都渴望爱人的抚摸，但人与人之间的触摸在人际关系中还有很多不那么明显的作用。啮齿动物会舔舐它们的幼崽，而人类则会搂抱他们的婴儿。将这两种触摸剥夺会导致令人痛苦的发育问题。

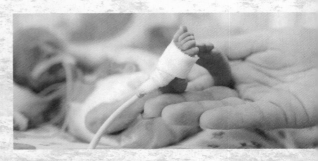

▲ 早产儿能感受到最温柔的抚摸。

一些极端的证据来自工作人员较少的孤儿院中的孩子，以及必须待在保温箱中的早产儿。直接影响包括生长更缓慢、免疫系统减弱和认知发育不良。很多曾在孤儿院度过婴儿期的儿童，在青少年时期后，其脑中的白质低于正常水平，而且他们在后期也更有可能出现一系列疾病及精神失调。

此外，对照研究表明，对于儿童和成人来说，即便是15~20分钟相对较短的触摸，也有很大的好处。这可以通过不受个人情感影响的方式来达成，比如按摩。但其他研究表明，我们非常擅长从一个简单的手势（比如触摸手臂）之中解读出情绪。在这里，皮肤表面和脑之间的连接是微妙而深刻的。尽管如此，触摸在不同文化之间仍有很多差异。20世纪60年代的一项简单的观察研究记录到，在波多黎各咖啡馆里的情侣平均每小时触摸彼此100次。但是当时伦敦的平均水平是多少呢？零次。

大鼠也喜欢被挠痒痒

　　你可以将挠痒痒的机制列入神经科学有趣但尚未解决的问题清单中。几年前，研究人员发现，实验室里的大鼠喜欢被轻轻挠痒痒，而且它们会找到实验室工作人员的手让其重复挠。它们甚至会发出笑声——一种吱吱声。这种反应的起源似乎与躯体的感觉皮质有关，这与先前所设想的其活动源于脑的情感中心的理论相悖。那些习惯于被挠痒痒的大鼠，其感觉皮质的神经元活动在被挠痒痒期间和之后都增加了，并且用电来刺激相关的细胞可以诱使它们发出愉悦的吱吱声。

交叉线?

有一种观点认为，脑中所发生的事情对我们感知世界的贡献，至少与来自感觉神经元的信号所做的贡献一样多。我们能够在梦境和幻觉中想象出根本不存在的事件，这确实给了这种观点更多的支持。

还有一个例子，也为阐明知觉是如何起作用的带来了启发。有些人的知觉很奇特，他们能感知到一个其他人也确定真实存在的东西，但又能感知到这个东西对他人来说并不存在的一个特质。例如，他们确实能看见"say"这个词，但是却会看到其中的字母y是红色的而不是黑色的。

把字母或音调感知为颜色是比较常见的变体之一，但几乎任何感觉的混合都是可能的，味觉和嗅觉也会参与其中。

联觉（synaesthesia，跨越感觉器官的感知现象）理论所关注的是脑的区域之间（例如视觉皮质中加工字母和产生颜色的区域之间）不同寻常的交叉。一些研究人员怀疑，婴儿一开始就是联觉者，而后大多数婴儿学会了分离感觉通道。关于成年

人中联觉的发生率，我们尚不清楚，但一项谨慎的调查显示，男性和女性中可能都有4%左右是联觉者。

联觉所提供的增强的感官体验启发了艺术家和诗人。多语言作家弗拉基米尔·纳博科夫（Vladimir Nabokov）详细地描述了他对这个世界丰富的体验，他用不同的颜色来区分字母表中的字母。他写道："一个联觉者的自白一定让你们听起来很乏味，因为你们用更坚固的墙来保护自己，使自己不受这种渗透的影响。"

脑啊，不错的尝试

一些被归为联觉的感觉似乎更接近于幻觉。加州大学神经学家维兰努亚·拉马钱德兰（V. S. Ramachandran）报告了一个案例。案例中，一位成年人在失明后学会了阅读盲文。这意味着脑中的连接由于触觉信号更适应被更密集地使用而发生了重大变化。几年后，当他触摸一个物体或阅读盲文时，他开始看到闪烁的光或粗糙的图像。他无法控制这种情况的发生，并且发现这种情况妨碍了他通过触摸理解东西的努力。拉马钱德兰推测，他的躯体感觉皮质正在向"被剥夺的视觉区域发送信号，因为这些区域渴望信息输入"。

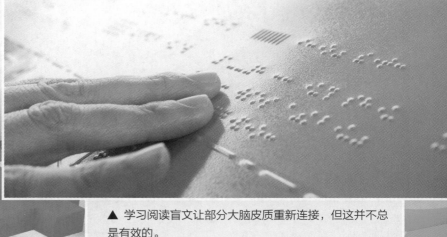

▲ 学习阅读盲文让部分大脑皮质重新连接，但这并不总是有效的。

赋予意义

对于前面简要谈到的五种感觉中的每一种，我们都有很多需要了解的地方。第六种本体感觉（proprioception）也是如此，这种感觉让我们在空间中持续追踪我们的身体，以及追踪有什么力作用在我们身体上。处理压力、力量和运动的细胞传感器会产生看起来已被自动整合的神经信号。这些信号源自身体内部，但对脑而言仍属于外部。脑利用这些信号来推断它周围最直接环境的状态。

推断（和主动搜索）可能是感觉研究中最重要的概念。我们并不知道它是如何工作的，但它正在发生。感觉并不像仪表盘上的刻度那样能够被简单地读取数据，但它为我们对（我们所假设的）周围环境的计算建模提供了原始数据。

◀ 有很多东西是要试图去理解的。这个人的脑可以把一大堆视觉刺激转换成一幅城市图景——这是一种只有人类才能理解的东西。

约翰斯·霍普金斯大学（Johns Hopkins University）的大卫·林登（David Linden）在他的《触摸》（*Touch*）一书中总结了这一观点。"我们的触觉回路，"他写道，"不是为了成为外部世界的忠实记录者而构建出来的，而是为了根据预期对触觉世界做出推断而构建的，这些预期既来自我们人类祖先的历史经验，也来自我们自己的个人经验。"

所有的感觉都是如此，这些演化而来的感觉为的是让脑能够建立一个关于外部世界的模型以帮助其生存。这与神经元网络如何转换感觉神经输入信号的证据相吻合，也证实了更早以前关于感觉的机制的观点。赫尔曼·赫姆霍尔兹（Hermann Helmholtz）在19世纪60年代总结了他自己对视觉的研究，并提出："我们的所有感官仅提供给我们关于外部物体和运动的痕迹……我们只能通过经验和实践来学习如何解释这些痕迹。"

不过，这也是一个很难坚持的结论。在知觉这里，几乎所有的脑活动都是无意识的，而我们对知觉的意识体验显然使我们能够毫不费力地穿行于现实世界，这是毫无疑问的。我们也正是用自己的知觉来指导整个脑系统存在的真正目标——我们的行动。

▼ 巧妙的计算机渲染技术将一幅技术图转化为逼真的建筑物图像，这是利用有限的输入构建出一幅场景的另一个例子。

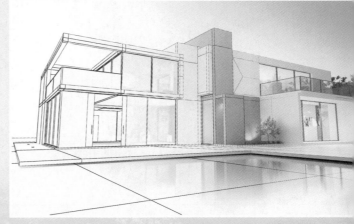

CHAPTER 6

第六章

MOTION AND EMOTION

运动和情绪

古代和现代

与其他动物的脑一样，人脑的大部分区域是与基本功能密切相关的。其中许多是为了保持身体系统平稳运行而自动运作的激素或神经回路，此外还有控制运动的系统，这很可能也是最开始需要有个脑的原因之一。一切行动都需要运动，而情绪从根本上来说，也与调节行动有关。就人类而言，二者的神经回路一开始都出现在起源于远古时期的脑区，但如今几乎连接了脑的所有区域。

对运动基础的研究可以在被分离出来的神经和肌肉中进行，而我们对此已经非常了解。正如感觉依赖特定的细胞将身体外部的事件与神经元联系起来一样，肌肉收缩也依赖特定的运动神经元，这些运动神经元与肌肉细胞直接形成突触。

有些反射动作来自脊髓中的回路，但更复杂的动作需要脑的指令。无论哪种方式，最终的结果都是运动神经元的一个轴突信号被激活。运动神经元与肌肉细胞在神经肌肉接点（neuromuscular junction）处相遇，在那里释放出乙酰胆碱这种神经递质。这触发了肌肉细胞中的电学变化，引发了一次肌肉纤维收缩——轴突的一个动作电位产生了一次收缩。

慢速和快速的肌肉纤维会连接到略微不同的运动神经元上。一块肌肉运作所产生的力量是由放电速率的变化和纤维数量所控制的。在腿部，一个神经元可以激

◀ 肌肉组织中的运动神经元。

▲ 由摄影师爱德华·迈布里奇（Edward Muybridge）于1881年拍摄的人体运动图。

活1000多条肌肉纤维，而使眼睛或手指运动的小肌肉可能只有几条肌肉纤维连接到每个运动神经元上。大多数肌肉都有一系列运动神经元相连，其中有些用到了大量肌肉纤维，而有些则只用到较少的肌肉纤维，从而产生不同层级的运动。

在正常情况下，每个运动神经元都有一个输出通道，并且从3条主要通路来接受输入：最多数量的连接来自脊髓中的其他神经元；也有来自脑的输入；此外还有来自肌肉传感器的输入，肌肉传感器通过脊椎相连，主要用来监测肌肉的收缩程度。

可控制的运动

　　运动神经元和肌肉纤维按照指令可以产生各种各样的运动，从一名举重运动员举起杠铃到一名书法家对毛笔进行微调。不管哪种方式的运动，自主运动的主要指令开始于大脑皮质的额叶。这个被称为运动皮质的区域就位于感觉皮质的前面，并以大致相同的方式映射到身体各个部位。

　　运动皮质的一大部分区域都作用于手指上面，所以先让我们把注意力集中在手指上面。运动皮质有不同的区域来做简单的动作，比如摆动手指，以及做更精细的手指灵巧动作。对于后者，辅助运动皮质在将输入信息传递给肌肉前，会先将其传递给初级运动皮质，以帮助协调复杂的排序。

　　运动皮质还将信号传递给小脑和顶叶。其中小脑协调"肌肉对"（肌肉只能收缩，因此一般以相反运动的"肌肉对"的形式运作），并组织运动的时间。脑的许多其他区域也参与了对运动的评估和调节。

　　运动可以被精细地调整，是因为在产生实际运动的远距离细胞中有着复杂的连接。例如，拇指有十多种不同的肌肉。组成每块肌肉的成千上万条肌肉纤维都对来自单个运动神经元的指令做出反应，而这些运动神经元是在早期发育过程中从多个原始连接中被挑选出来的。

　　这还只是拇指。在大多数情况下，它还要与其他手指协调，而每个手指又都有自己的肌肉。此外它还要与手部、手臂和身体其他部位相互协调，同时还要保持平衡，或许还要追踪手部要去够的物体。想想，计算机程序员仍在奋力地构建机器人，让它们能够拿起一个装满水的杯子，而不会把它掉下去或洒出水来。

　　也就是说，虽然精细的动作是迷人的，但我们的运动系统也很好地适应了它在更多时间里所做的事情——保持不动。

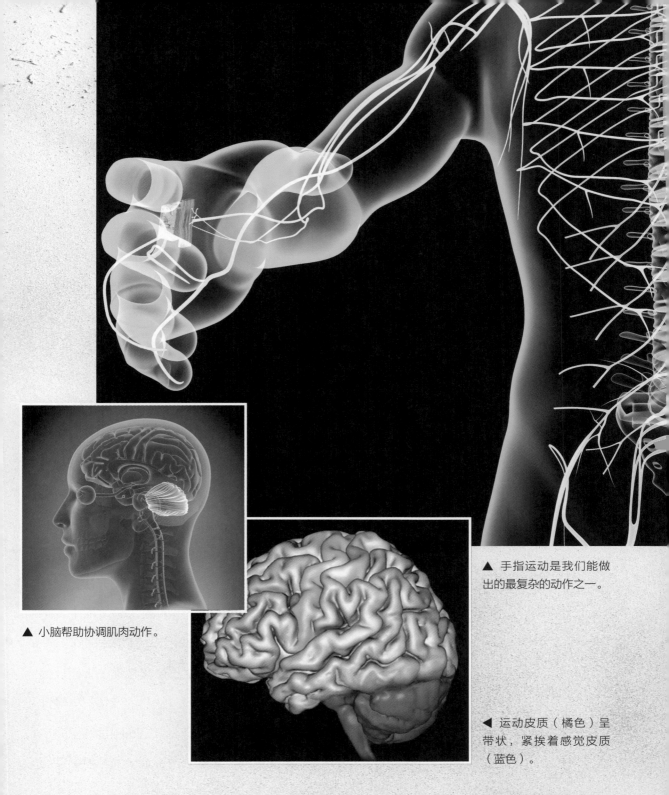

▲ 小脑帮助协调肌肉动作。

▲ 手指运动是我们能做出的最复杂的动作之一。

◀ 运动皮质（橘色）呈带状，紧挨着感觉皮质（蓝色）。

运动依赖感官

制造机器人显示出了控制运动有多么困难。对义肢的研究也让我们了解到对自身系统的控制是如何依赖感觉反馈而进行的。

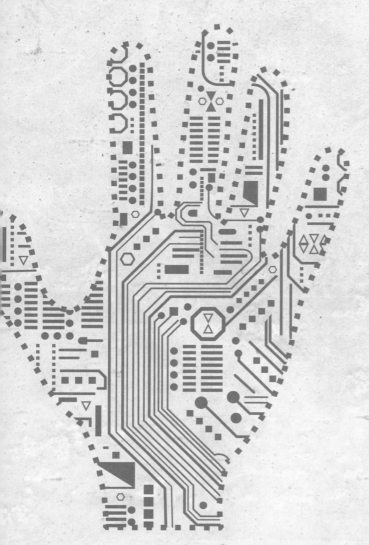

现在，一些义肢能够对来自运动皮质的信号做出反应，通过解码运动皮质的信号来获知要去移动一只新手臂或一只新手的意图。这是一个了不起的技术壮举，能让一名使用者仅凭意念来移动肢体。

但事实证明，这只是工作的一部分。手部的精细控制通常依赖触觉传感器的反馈。得不到这些反馈的义肢会迫使使用者依赖视觉反馈，而视觉反馈的效果并不好。

芝加哥大学的斯利曼·本斯麦艾（Sliman Bensmaia）和他的合作者们正在寻找将触觉传递到感觉皮质的方法，好让其将来能够与运动相匹配，这本质上就是在为一个义肢再造出正常的本体感觉。

目前，这项工作聚焦在猴子上面。猴子虽然不能直接报告它们的感觉，但经过训练后它们可以指明自己在哪里感觉到了一次触摸。在实验中，真实的触摸中穿插

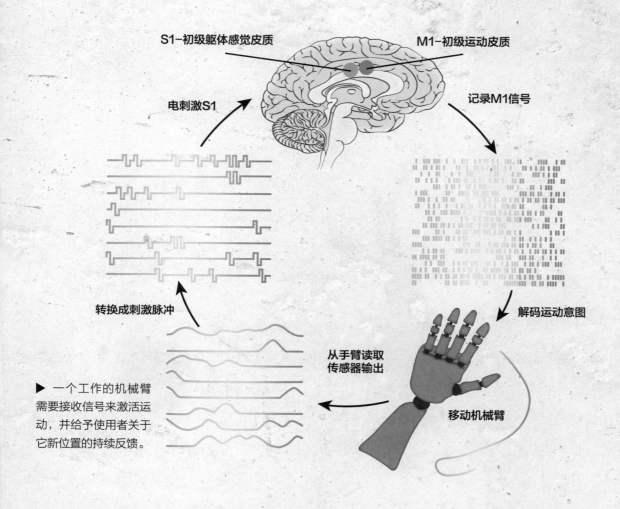

S1-初级躯体感觉皮质　　　　　　M1-初级运动皮质

电刺激S1　　　　　　　　　　　　记录M1信号

转换成刺激脉冲　　　　　　　　　　解码运动意图

从手臂读取
传感器输出

▶ 一个工作的机械臂
需要接收信号来激活运
动，并给予使用者关于
它新位置的持续反馈。

移动机械臂

着人为发送到猴脑感觉皮质的信号，以确
认早期实验人员所解码的映射图谱。

　　未来的设想（仍有一段距离）是制造
一种带有传感器的"假手"，当它的每个
部分接触到东西时，传感器会将信号发送
到感觉皮质的正确位置，使其完善对下一
步行动的指导。这是假设这种感觉是在"
假手"上被"感觉到"的，而不是在真的
手上被"感觉到"的。尽管失去某个肢体
的人经常报告说在"幻肢"中有着持续的
感觉，但有证据表明，脑能够适应义肢的
存在，并让感觉转移到义肢上。

信步走去

如果你竖抱起一个新生儿并让他的脚接触到地面，他就会开始迈步，就像一个成年人在地上走路一样。但是这个新生儿要若干个月后才能独立行走。这种到达某个地方的行动有很多组成部分，其中只有一部分是在出生时就已经准备好了的。

迈步这个基本的动作是由一个简单的脊髓运动模式驱动的。当脊髓与脑的连接被切断时，有些动物还能行走。行走依赖于最早出现在鱼类身上的古老回路。在我们人类身上，它产生出一种不需要任何有意识输入的有节奏的运动。虽然我们应该谨慎对待用计算机来类比神经回路，但它看起来确实像一个处理日常行为的简单程序。对呼吸的控制也采用同样的方式。

对我们来说，掌握这种节奏来真正进行行走要比其他生物更困难，因为我们行走时只用两条腿，这也让人类的行走更像是某种"可控的跌倒"。最简单的、有节奏的行走（比如在一台跑步机上行走）仍然需要我们的脑整合来自前庭系统、眼睛和脚底的压力传感器的信息。所有这些都有助于调整上半身和摆动的手臂，使行走者的重心或多或少地保持在脚的上方。

正常情况下，保持稳定的步态很容易，但要是跑步机提速，或让它向上或向下倾斜，我们就要做大量的即时处理来调整骨骼肌。这种调整在很大程度上仍是无意识的，不过若是需求越来越高，例如，在不平坦的地面上，或在波涛汹涌的船甲板上，这种调整就会变成有意识的调整。但是去思考要把脚放在哪里会让你的动作

变慢，所以最好还是让成熟的运动系统来搞定这种调整。这样的话，只有当这套无意识的运动系统出岔子时，比如你因对楼梯上的最后一级台阶判断失误而险些摔一跤时，你才会意识到你有多依赖这套运动系统。

▲ 不要对其想太多：自动爬楼梯比仔细考量双脚应该放在哪里要更快。

▲ 非常熟练灵巧，但你没看到他们练习之前的样子。

为什么熟能生巧？

精细的控制需要专门的神经元，而且当人们学习新技能时，更多神经元还会参与进来。练习有助于加强神经连接，让你能够学会一项常规动作（见第七章），但是也可能涉及神经连接中更广泛的变化。

运动皮质有着显著的可塑性，这对神经连接很有帮助。有些人出生时就有两根或三根手指连在一起，这种情况被称为"并指畸形"。他们的运动皮质映射表现为单一的一组神经元指向这些相连的手指。

如果这些手指后来通过手术分开了，那么运动皮质的映射就会重新组织以适应新的情况，并形成新的区域来区分被解放出来的手指。

也有许多研究去追踪音乐家在提高他们的技能时脑影像上的变化。例如，小提琴手对应于左手的运动皮质区域更大，而正是左手（而非控制琴弓的右手）做出了那些花哨动作。其他证据则表明，专业音乐家的运动皮质比条件匹配的非音乐家拥有更多的突触。

如果你没有接受过音乐训练，那么尝试去学习一种乐器会怎么样？2015年，加拿大蒙特利尔的麦吉尔大学（McGill University）的一个研究小组对一群二三十岁初学钢琴的人进行了研究。15名男性与女性试着学习弹奏一组为人熟知的流行歌曲、童谣和颂歌，并且连续5周每天练习半小时。因为不能一边做功能磁共振成像扫描一边弹奏，因此在实验中，他们在开始学习之前和之后一边听音乐一边做功能磁共振成像扫描。

扫描结果显示，随着人们学习进程的推进，前运动皮质和顶叶皮质发生了变化。但练习并不决定一切，扫描结果也显示出，一开始听觉皮质和海马区（研究人员推测这些区域涉及剖析和记忆旋律）更活跃的人，学习速度更快。

研究人员认为，大多数复杂的技能涉及的不仅仅是肌肉记忆。因此，虽然对动作的练习会有效果，但有些人从一开始就具有优势，因为他们脑中的某些区域有所不同。

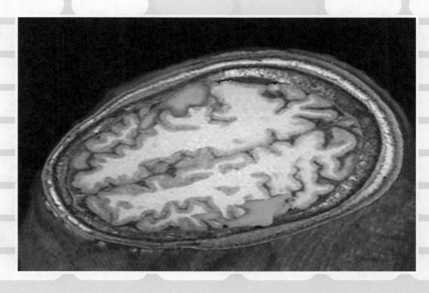

▶ 利用磁共振成像技术可以追踪受试者听音乐时的脑活动。

我是有感情的

恐惧、愤怒、悲伤、嫉妒、爱、幸福、惊讶、厌恶……情绪的紧迫性表明它们很重要。我们可能有会发呆的思维，但不会有会发呆的情绪。然而，我们很难给情绪在意识上所表现出来的感受下定义。尽管情绪受到感觉输入的影响，但它和感觉不太一样，并且我们认为，有一部分情绪是感觉输入的某种表征。它们也和行动不同，尽管它们可能引发行动。但是它们肯定是在告诉我们有一些重要的事情正在发生。

虽然情绪有一些共同的特质，但是它们并不完全相同。事实证明，要确定情绪所涉及的脑区是很困难的。有些区域，通常是很小的区域，对于特定的情绪至关重要。脑有很多区域参与了这些情绪的运作。随着研究的深入，感觉系统（比如视觉系统）似乎变得越来越分化，但我们仍有可能详细地勾勒出它们的轮

廓。但是，对一种情绪系统进行定义的努力在很大程度上已经被探索其所涉及神经网络的范围取代了。

不过，提纲挈领地了解一下脑中与情绪确实有关的区域还是很有用的。它们经常被称为"边缘系统"，这是对大脑皮质下一组紧密相连的结构的简称。它们包括：

* 丘脑
* 下丘脑
* 杏仁核
* 海马区

海马区对情绪的作用似乎不如它对记忆的作用大。这些结构之间相互连接，并且与脑的其他部分也有连接。它们虽然都很小，但都有更小的、在解剖学上可区分的区域，即核团。

关于它们参与特定情绪的细节有很多研究。我们知道，情绪与强大的生理反应密切相关，而这些生理反应往往是由脑中产生的激素引起的。在这些研究中，有一种情绪因被理解得最好而最为突出，那就是恐惧。它与脑中的杏仁核有关。

一条恐惧回路?

杏仁核是脑中一个呈杏仁状的区域,有许多可被区分开的核团。它通过两个主要途径接收信息。一个来自丘脑,因为丘脑会对感觉信息进行检查,并将筛选出的紧急信号发出来;另一个来自前额叶皮质。这两个途径都与引起恐惧和焦虑的反应有关。

▲ 恐惧是天生的吗?
人们害怕蛇,即使人们此前从未见过蛇。

有些恐惧(如怕蛇)是本能的。当杏仁核受损时,这些恐惧就会消失。进一步的研究表明,当我们从糟糕的经历中习得新的恐惧时,杏仁核也会活跃起来,这就是恐惧的条件反射。

相反的过程也被研究过,即当恐惧的刺激重复出现但并没有引起身体或精神上的疼痛时,人会逐渐失去这种恐惧反应。它依赖一种被称为NMDA受体的神经递质受体。这一受体在与学习相关的突触变化中扮演着关键的角色,我们将在下一章中进行讨论。

这里的恐惧反应并不一定是指害怕的感觉。动物表现出和我们一样的生理反应,但我们并不知道它们的感受。当有危险的时候,杏仁核会关注我们确实与之分享的事物,并会用一系列神经递质和激素来鼓励这种分享。

研究人员发现,杏仁核的某些部位在识别其他人的恐惧方面起着作用。他们还对该区域的神经递质(尤其是5-羟色胺和多巴胺)所发挥的作用进行了研究,并取得了一些成果。

这项研究的领导者之一约瑟夫·勒杜警告说,这并不意味着我们要把杏仁核标记为"脑的恐惧中心"。它当然有助于探查到威胁，并触发经典的"战斗或逃跑"反应，但从丘脑来的直接输入意味着意识上察觉到威胁之前反应就开始了。真正的恐惧感受可以在没有杏仁核的情况下产生。它是由大脑皮质的部分区域对整个系统进行更复杂的评估而产生的。勒杜说，神经科学会使用像"恐惧"这类具有日常意义的词汇，但我们必须避免把这些词汇"当成生活在脑的某个区域（比如杏仁核）中的实体"。

▶ 珍妮特·利（Janet Leigh）在阿尔弗雷德·希区柯克（Alfred Hitchcock）的《惊魂记》中所扮演的角色发现了恐惧的理由。

情绪、心智和身体

情绪常常被视为行动的其中一个驱动力，但它应该与决策分开。这符合边缘系统是脑的一个原始部分、应服从于更精致的大脑皮质这一看法。这是对20世纪50年代颇具影响力的"三位一体脑"概念的呼应。将"三位一体脑"推广开来的研究人员是保罗·麦克林（Paul MacLean），也同样是他引入了"边缘系统"这一词。

不过最近，与此或多或少相反的观点似乎更有道理。南加州大学的安东尼奥·达马西奥（Antonio Damasio）主张，情绪是行动的结果，只不过是内在的结果。感知到一个威胁（例如，一只狼朝你走来）会触发身体的变化，如心跳加速、肾上腺素飙升、血液从胃转移到肌肉等。然

▲ 你喜欢哪种咖啡？情绪驱动着我们的选择，即使是那些琐碎的决策。

◀ 安东尼奥·达马西奥。

后大脑皮质将这些自动反应解读为恐惧，这是脑和身体的混合反应。另一种说法认为，五种感觉在脑中创造了对外部状态的表征，而情绪则是对身体状态的表征。

达马西奥还发现，情绪与另一种行为密切相关。脑部受损的人，无法控制自己的情绪，往往会做出糟糕的决定。他们的智力和语言能力基本正常，但他们几乎不知道如何权衡风险和收益。他们还是糟糕的计划者，随意地分享令人尴尬的信息。更糟的是，由于缺乏明确的欲望和愿望，他们可能根本无法做出任何决定。所谓理想的决策是一种冷静的、理性的评估，这一概念可能在抽象意义上颇具吸引力，但

与我们的脑演化要达到的目标并没有什么相似之处。

这是神经科学的一次重大转变。达马西奥宣称，当他在20世纪70年代开始研究情绪时，他被告知："嗯，你会迷失方向的，因为那里绝对没有什么重要的东西。"现在他觉得自己能够确定，情绪是"身体状态的精神体验"。例如，饥饿来自生理需求，疼痛从伤害而来，恐惧和愤怒来自对机体的威胁。从积极的方面来看，幸福是最优功能的标志，而同情、感激，甚至爱，都是调节"特定社会性互动"的方式。简而言之，情绪通过身体和精神体现在生活的方方面面。事实上，他

更进一步说："思想始于感受的层次。只有拥有了一种感受（即使你是一个非常小的生物），你才会拥有心智和自我。"

就像赫姆霍尔兹对待感觉的方式一样，这在某种程度上是对19世纪的一种见解的再现。1884年，哈佛大学心理学教授威廉·詹姆斯（William James），在他的论文《什么是一种情绪》中写道："如果我们想象某种强烈的情绪，然后试图从对它的意识中抽象出它特有的身体症状的所有感受，我们会发现什么也没有留下，没有'思想方面的东西'可以构成情绪，剩下的只有冰冷而中立的理智知觉。"

▲ 肾上腺素晶体。

◀ 威廉·詹姆斯。

▲ 现在走哪条路？

情绪缺陷

埃利奥特（Elliot）是安东尼奥·达马西奥研究的一个30多岁的男性病人，他被切除了一个很大的脑瘤，同时还被切除了大部分额叶。手术后，除了不能专心做决定，他的智力没有受到影响。由于缺乏情绪，他无法安排预约，无法决定去哪里吃午餐，甚至无法选择书写用的颜色。他的婚姻破裂了，他也失去了工作，之后开始了几次欠考虑的商业投资，结果使他破产了。

他看似并不怎么在意。达马西奥说，当他描述自己的生活时，"尽管他是主角，但他对自己的遭遇没有痛苦感"。当被问及如何应对一系列状况时，他很快列出了一套正常的、合理的计划，然后平静地说："在所有这些事之后，我仍然不知道该怎么办！"

魔镜啊，魔镜

人们会说"我能感受到你的痛苦"，这是真的吗？共情（empathy）是一种令人赞许的特质。一类特殊的神经元或许能帮助我们感知他人的情绪。

镜像神经元是在对运动的研究中被发现的。20世纪90年代，意大利的研究人员报告说，当猴子做出一个动作时，或当它们看到另一只猴子以同样的方式做出这一动作时，猴子的前运动皮质中的一些神经元会放电。

此外，运动皮质中的一些神经元会对特定的动作做出反应，而且猴子在仅听到另一只猴子做出一个动作（比如把一张纸揉皱）的声音的时候便会有所反应。这可能提示，听者正在解码一个动作背后的意图，而不是仅仅在自己的脑中演练这一动作。

这并不是共情的证据，却被广泛地解释为一个脑如何可以更容易理解另一个脑想要做什么。利用磁共振成像进行的相关研究提示，人脑中可能也存在类似的神经元，它们被赋予了各种各样的能力，从赋予同理心，到促进模仿，再到加速人类文化的发展。

共情涉及观察者脑中某种情绪的重复，这一观点得到了磁共振成像研究的普遍支持。这些研究展示出，当一个人体会到某种情绪或看到别人表现出某种情绪时，同一脑区的活动会有所增加。但这并不是镜像神经元参与的证据，如果它们确实存在于脑的情绪调节区域的话。

镜像神经元很快成为一个流行的研究对象，但是对其重要性做出批判的出版物和支持它们的一样多。

反对的声音有很多，而且多种多样，其中一个更有说服力的观点是，看到或听到某个事物会触发一个神经元（该神经元在观察者本身做出相同动作时也有所参与）的反应，并不一定意味着这个神经元参与了对该动作的理解。这可能是一种习得的关联，且在脑中有一些完全不同的用途。

同样的情况也适用于那些在情绪状态中活跃的镜像神经元。就目前而言，最好的结论似乎是，虽然共情一定有某种潜在的神经机制，但要弄清楚它还得等进一步的研究。

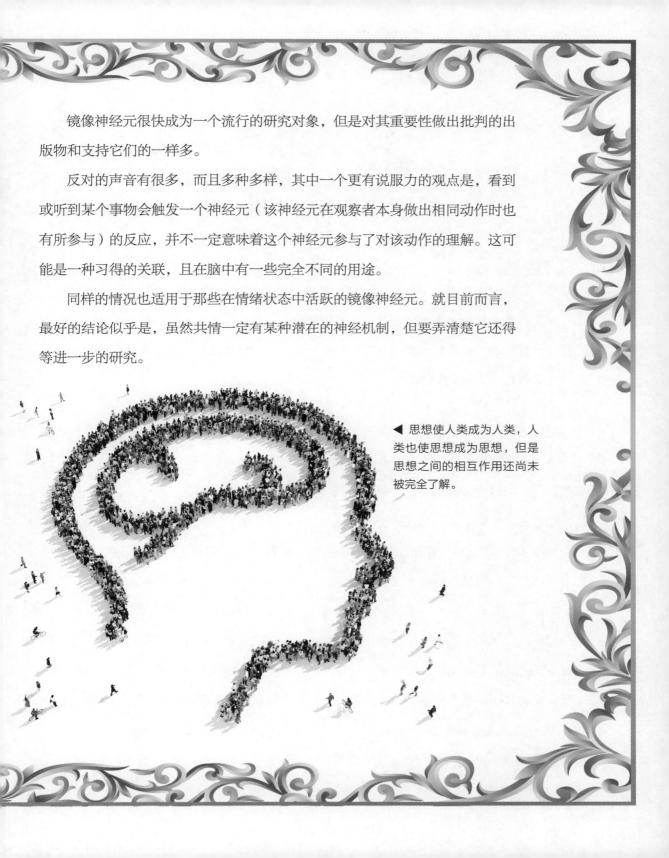

◀ 思想使人类成为人类，人类也使思想成为思想，但是思想之间的相互作用还尚未被完全了解。

爱是盲目的

我们知道爱的回报是如何在脑中被处理的——通过处理多巴胺（一种神经递质）和催产素（一种激素）作用的中枢。与它们在我们生活中的重要性相一致，与爱相关的感受及情绪涉及脑的许多不同区域。

很容易想象出它们为什么会演化出来——为了促进繁殖和成功抚养孩子。大多数旨在加深对爱情神经科学洞见的工作都依赖功能磁共振成像，因此针对哪些区域是活跃的所做的相对粗糙的扫描和间接推论都具有普遍的局限性。

如何研究爱情呢？既然是海伦（Helen）的脸发动了一千艘战船，那么或许应该先从脸开始吧。2000年前后的一项研究确实表明，当人们看到爱人的照片时，他们的脑部扫描结果确实有所不同（与看到朋友的照片时的脑部扫描结果相比）。他们脑中的一小部分区域在看到爱人时更活跃——3个位于大脑皮质，而另外几个位于皮质下区域。这样的区域如此少，是否让人惊讶呢？研究人员指出，它们（像往常一样）与许多其他区域有所连接。

该研究的结果中包含了预期会有的、与奖赏相关的脑区的活动，此外还有一些关于爱的其他方面的暗示。那些与负面情绪和对他人的负面评价有关的通路，在那些说自己正在恋爱中的人身上表现得相对不那么活跃，而这证实了一个广为流传但

并不浪漫的看法，即爱情会使批判能力变弱。伦敦大学学院的塞米尔·札奇（Semir Zeki）说："我们经常会惊讶于某人对伴侣的选择，徒劳地去询问他是否已经失去了理智。事实上，他确实已经失去了理智。爱往往是非理性的，因为理性的判断被搁置了。"

依恋是浪漫之爱和父母之爱的一个重要方面，但有证据表明，这两种依恋涉及不同的大脑皮质神经网络。母爱与面孔识别相关脑区的激活增加有关，但对于性和浪漫爱情做出反应的下丘脑区域则没有显示出被激活。不过，对负面判断的压制可能是两者的共同点。

我的公司就像我的一个孩子

人类的动机不只是满足那些与其他生物共享的基本需求。然而，迎接我们自己所设定的复杂挑战的动力必然与其具有类似的起源。最近的一项来自芬兰的研究将父母之爱与企业家对自己所创办的公司的感情进行了比较。这一研究显示了神经科学家试图理解复杂社会现象的雄心，以及可能的局限性。

他们通过问卷调查和脑部扫描考察了21位父亲和21位男性企业家（因为没有女性企业家报名）的感受。研究人员使用磁共振成像技术来检测当他们看到自己孩子或一名类似的不相关孩子的照片时，脑中是否有活动增强的区域。因为我们无法给一家公司拍照，所以第二个比较是让受试者观看所创办公司的商标及从其他机构中选出的一个不是已知竞争对手的公司的商标。

果然，有一组特定的神经网络在一名父亲看自己的孩子和一位企业家看自己的公司商标时都显示出了有所增强的活动。对扫描结果的分析显示，在某些区域也出现了类似的活动抑制现象，这可能与对他人的社会评价有关。研究人员表示，这意味着爱在这两种情况下都是盲目的：就像父母可能宠爱自己的孩子一样，企业家也可能对自己创办的公司的业绩过于乐观（这些公司的平均年龄是4.5岁）。

所以这在某种程度上证实了一个看法：人们会对他们投资的项目产生情感上

的依恋，并且若是项目成功了，他们会感到自豪。这个小小的研究能告诉我们更多的东西吗？潜在的投资者是否应该要求扫描一下某个公司创始人脑中的尾状核，以确保他们有不惜一切代价来追求成功的决心呢？在其他关于父母，尤其是母亲对其孩子的反应的研究中，脑的许多其他区域也得到了关注。将这项研究所关注的那些在商业方面发挥作用的复杂感受称为"企业家之爱"有一点牵强。而对于投资者来说，或许还有更好的方式来判断一家新企业是否值得投资。

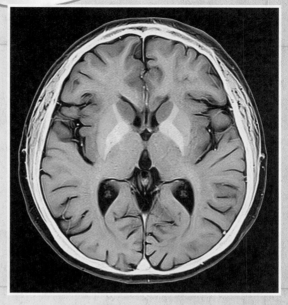

▲ 在这项特别的研究中，位于基底神经节的尾状核（粉红色区域）与企业家对自己的公司，以及父母对他们孩子的情感有关联。

CHAPTER 7
第七章

记忆即我们
MEMORIES ARE US

记忆是由这个组成的

在一次视力测试中，当机器向我的眼球吹气时，即使我知道它就要来了，我还是往回缩了一下。避免眼睛遭遇危险是一种强有力的反射。如果一个声音刚好在吹气前响起，我将学会在听到这个声音时往回缩。这是一种条件反射，当巴甫洛夫（Pavlov）的狗听到预示着食物的铃声而流口水时，这种反射才被首次观察到。

如果对那些海马区缺失或严重受损的人进行带有声音的吹气测试，他们也会学会同样的反应。这里有一个关键的区别：他们不会记得条件反射发生的过程，但他们的神经系统却"记住"了预示着空气喷出的声音。

◀ 过去消失了，但不是全部消失，也不是以同样的速率消失。

这有力地证明了记忆不只是一个过程。我们的脑用很多方式来吸收新信息，以便自己未来能用得上它们。那些将我们的身份组合在一起，并且允许我们管理自己生活的记忆与那些习得技能或习得反应的记忆有所不同。

记忆

工作记忆　　短时记忆　　长时记忆

外显记忆/陈述性记忆　　　　内隐记忆

情景记忆　　语义记忆　　日常习惯　　技能

记忆不只是一个过程

记忆有很多种。有一种是有意识的陈述性记忆，即外显记忆。它让我们可以向其他人描述发生了什么，或述说一些知识。还有一种是内隐记忆，它保留了技能和日常习惯，以及恐惧和焦虑。外显记忆和内隐记忆并非泾渭分明，比如像骑自行车这样的技能，在一开始时需要有意识地思考，到后来就变成了无意识地自动处理。

在对记忆种类更细致的划分中，情景记忆和语义记忆都属于外显记忆或陈述性记忆这一类。情景记忆是回放式的：过去经历的各种痕迹（感知上的和情感上的）被重新组合起来。语义记忆则是以事实的形式学到的东西，比如一份首都城市清单、电话号码，或一个数学公式。

还有基于时间进程的记忆分类方法。衰退最快的是工作记忆，它就像一个便签簿，将电话号码之类的信息保存起来以备即时使用。然后是短时记忆和长时记忆，其中短时记忆一直被认为是长时记忆的先决条件。

这一切是如何运作的?

关于这一切是如何运作的，有很多精彩的争论，从每一类记忆对应的基本脑区，到它们是如何相互作用的，乃至记忆是如何被保存的。相对而言，目前我们对记忆最初是如何形成的了解得多一些。回忆一段经历（陈述性记忆中的陈述性部分）尤其难以研究。建立起一个记忆（通常）是一系列外部刺激的结果，而回忆虽然可能是由一些刺激引起的，但它主要与脑中分散区域的"相互交流"有关，这使设计实验变得更困难。

最被广泛接受的基本理论是，信息以突触变化和突触连接强度变化的形式在脑中编码。我们很清楚这是怎么发生的。强有力的直接证据显示，至少在某类学习

中，这是必不可少的。但它是记忆所有方面的关键吗？这就不那么确定了。

　　人类的记忆似乎很特别。我们可以谈论陈述性记忆，而且我们学习新技能的能力超过了其他生物。我们的记忆力容量一定是有限的，但也一定是非常巨大的，就像罕见的记忆奇才所证明的那样，但我们不知道是否每个人都可能拥有记忆奇才的这些能力，只是通常无法使用。我们也不清楚"褪色"的记忆是否真的消失了，还是仍然保留在脑中，只是不那么容易被获取。

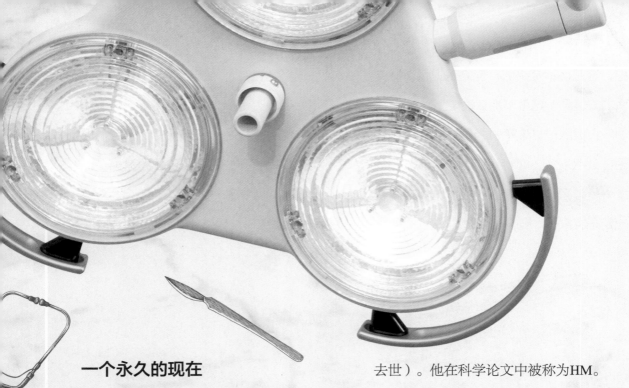

一个永久的现在

亨利·莫莱森（Henry Molaison）被称为脑科学史上最重要的病人。1953年，当时27岁的他做了一次大范围的脑部手术，以缓解他的癫痫症状。他的两个大脑半球中的海马区都被切除了一大块。他的癫痫发作确实停止了，但他的生活从某种意义上来说也停止了。

手术后，他再也不能拥有长时记忆。他的智力和性格没有受到影响，他还能回忆起手术前他的一些生活，但是他无论怎样努力也不能给他的长时记忆"储存库"里增加新的东西。对于莫莱森而言，现在的时间一直都是1953年（直到他于2008年去世）。他在科学论文中被称为HM。

他的案例得到了深入的研究，并且与当时盛行的关于记忆的看法形成了鲜明的对比。当时盛行的看法认为，记忆储存在整个脑中一些分散的位置。而HM脑损伤的巨大影响引起了人们对海马区在长时记忆中的作用的关注。这个证据其实很模糊，因为他的外科医生也切除了他脑中海马区附近的部分区域，而这些区域现在也被认为与加工记忆有关。此外，这种手术还损害了许多主要的神经通路。

尽管如此，后来的那些海马区损伤较小的人也出现了类似的但不那么严重的记忆障碍。而莫莱森的损伤最为严重，他的遗忘范围最广泛。

　　他可以学会新的运动任务，但在新的陈述性记忆方面的障碍却相当全面。他醒来时认不出他在镜子里看到的那张脸，而且每天都要向和他一起工作了几十年的研究人员重新介绍一遍自己。其中一位研究人员，麻省理工学院的苏珊娜·科金（Suzanne Corkin），在她的书《永久现在时》（*Permanent Present Tense*）中引用了他的话："这是一件有趣的事情，人们活着并学习。而我活着，你在（从我这里）学习。"

　　HM曾出现在数千篇科学论文中。这要么是一个实证，表明了神经科学家们很好地利用了一个信息丰富（虽然很不幸）的案例来做研究；要么是一个迹象，表明神经科学家们在考量人类记忆时，曾经处于"巧妇难为无米之炊"的困境。他对科学的贡献也并没有结束。他的脑现在被保存在2401个数字化切片中，以用于未来进一步的显微解剖研究。

▲ HM的脑被冷冻起来，然后被切成超薄的切片保存了起来。

▶ 苏珊娜·科金。

给研究人员的备忘录：保持简单

名为加州海兔的海蛞蝓过着一种简单的生活。不过，它仍然可以用自己的方式学习和记忆。触摸覆盖在它一个鳃上的皮瓣，这个鳃就会缩进去。反复触摸可以让它对这种防御反应进行调整，以使反应逐渐减弱。或者你可以电击它的其他地方，以使这种反应变得更强。

20世纪60年代早期，美国研究人员埃里克·坎德尔（Eric Kandel）和奥尔登·斯宾塞（Alden Spencer）提出，如果学习依赖于对细胞和细胞之间相互作用（突触的可塑性）的调整，那么在加州海兔身上进行研究将比在更复杂的生物身上研究容易得多。他们之前一直努力研究哺乳动物脑中的海马区，但几乎没有取得任何进展。加州海兔则提供了数量很少（只有2万个）但异常巨大的神经元，而且它的反应变化可能仅涉及不到100个神经元。

他们在加州海兔身上开始的研究还包括终极的简化，即在实验室的培养皿中让一个感觉神经元与一个运动神经元形成突触。通过小心地施加电学和化学刺激，他们揭示出了这些小小软体动物是如何学习的。像往常一样，当一个神经元放电时，它会在突触释放出一种神经递质，在这个

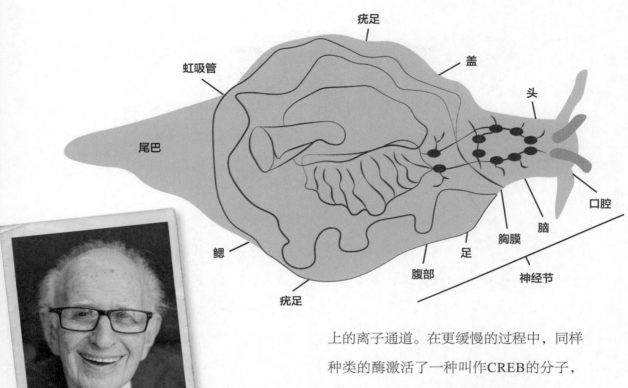

疣足

盖

虹吸管

头

尾巴

口腔

鳃

足

脑

胸膜

疣足

腹部

神经节

▲ 埃里克·坎德尔。

实验中，释放的神经递质就是谷氨酸。重复放电会产生较少的谷氨酸，于是系统中的下一个细胞就得到了一个较弱的信号。

然而当这种生物被电击时，信号会通过一个迂回的途径变得更强。第一个神经元从另一个轴突那里获得了另一种神经递质——5-羟色胺。这会迅速激活一种酶，使蛋白质发生小小的变化，并改变细胞膜上的离子通道。在更缓慢的过程中，同样种类的酶激活了一种叫作CREB的分子，这种分子开启了细胞核中的特定基因。这会导致突触发生更大的调整，而且也会导致在同一对细胞之间产生新的突触。突触后细胞通过变化完成了这一过程，生成了一个更强的持久连接。

选择一个简单的模型系统来搞明白一个复杂问题是生物学中一种标准的研究策略，但以往很少被证明是如此富有成效的。作为2000年诺贝尔生理学或医学奖的获得者，坎德尔将他把研究方向转向加州海兔描述为"一次信仰的飞跃，我所得到的回报超出了我的预期"。

巧合探测器

当研究一种复杂的系统时，知道自己正在寻找什么将会起到很大的作用。加州海兔的研究工作很快引领了在其他物种（包括哺乳动物）上的类似研究。

这里的故事围绕着一种特殊的突触后膜受体而展开。它被称为NMDA受体，即N-甲基-D-天冬氨酸（N-methyl-D-aspartate）。分子确实会黏附在它上面，但是在细胞中，它会对谷氨酸做出反应。它的特殊之处在于它是一个离子通道，但通常会被一个镁离子阻塞。如果它所在的细胞被大量突触信号去极化（这些信号要么来自多个传入突触，要么来自动作电位的快速重复），它就会被打开。它也使接收细胞发放

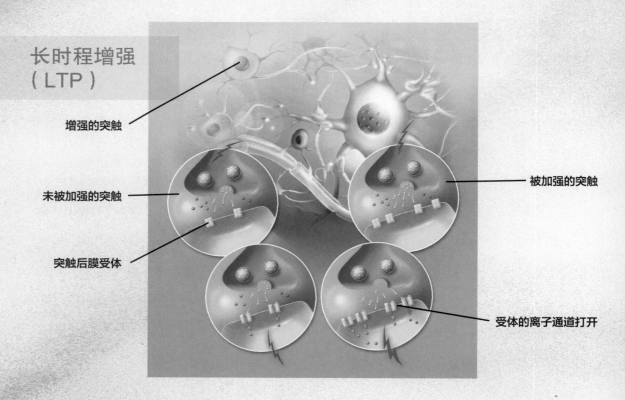

长时程增强
（LTP）

增强的突触

未被加强的突触

突触后膜受体

被加强的突触

受体的离子通道打开

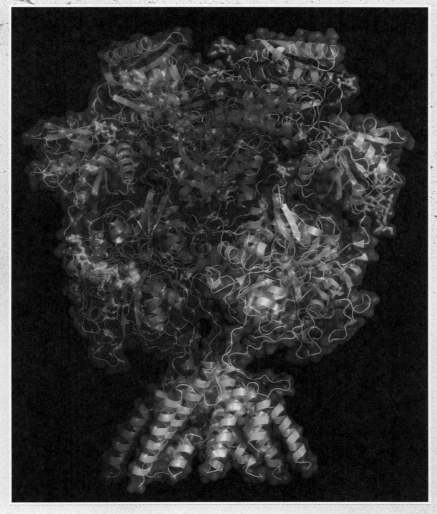

◀ 这个来自美国冷泉港实验室（Cold Spring Harbor）的NMDA受体的3D模型，被比喻成一个热气球。谷氨酸与"热气球"上面的一个区域，在细胞的外面相结合。"热气球"下面的"篮子"是在细胞的里面。

一个动作电位。这种特质的结合让NMDA受体成为一个巧合探测器。当两个相连的神经元同时放电时，它就会被体现出来。

打开NMDA离子通道会触发钙离子流入，引发一连串细胞事件，加强并重塑两个细胞之间的突触连接。整个序列事件被称为长时程增强（LTP）。其中关键的一步是基因被CREB（就是那个发现于加州海兔身上的分子）所激活。和加州海兔系统一样，对NMDA开关的反应有快的部分和慢的部分，其中慢的部分依赖基因的作用。

还有更多的复杂事情，比如安排那些被新激活基因制造出来的分子只对被"标记"为增强的突触起作用，否则细胞建立的每一条连接最后都会变得更强。这些基本发现看起来挺可靠。最近，CREB被发现可以通过选择某些神经元（编码记忆的神经元）之间的连接来进行增强，从而有助于将不同事件的记忆联系起来。这将作为一种加强突触连接的机制，成为一生中多种学习和记忆的关键部分。

总之，这是迄今为止细胞神经科学与从分子水平理解正在发生的事情相吻合的最好的例子之一。这也是对加拿大心理学家唐纳德·赫布（Donald Hebb）的深刻见解的一个迟来的佐证。1949年，在他的著作《行为的组织系统》（*The Organization of Behavior*）中，赫布提出了学习的一个基本部分是如何运作的："当A细胞的一条轴突足够接近到让B细胞兴奋，并且反复或持续地参与激发B细胞的时候，这两个细胞中的一个或两个就会出现一些生长或代谢变化，使A细胞（作为激发B细胞的一个细胞）的效率提高。"简而言之，一起放电的那些细胞，也连接在一起。NMDA受体似乎就是这样做的，而以这种受体为特征的神经接点被称为赫布突触（Hebbian synapse）。

◀ 纯NMDA晶体。

记忆超群的小鼠

就像脑损伤可以帮助我们定位某个特定功能区域一样，去掉一个关键分子也可以帮助我们了解它在细胞中的作用。分子的不同之处在于，你还可以让其供大于求。

在理想情况下，这可以通过基因调整来实现。许多神经科学研究都采用这种方法，而且通常是在小鼠身上进行的。1999年，普林斯顿大学的研究人员卓·钱（Joe Tsien）发现，给予小鼠额外的NMDA受体的基因副本，会让它们的记忆力更好。

他已经知道，减少NMDA的产生会使小鼠学习更困难，而且随着小鼠年龄的增长，激活受体也会变得更困难。有着增强NMDA的小鼠证实了NMDA在记忆中的作用：它们在简单的测试（例如它们是否更倾向于去探索一个新的物体而不是一个它以前见过的物体）上表现出更好的记忆能力，以及更快的学习速度。

"杜奇"这只以当时一部电视剧中一个超级聪明的角色命名的小鼠，登上了世界各地的新闻，并为未来治疗记忆障碍带来了希望。然而，随后的研究发现，它对慢性疼痛也表现出了更高的敏感性，这让研究人员的热情大打折扣。对于有着数十亿个细胞的复杂组织来说，基因增强是一种并不怎么锋利的"工具"，因为这些细胞通常使用相同的分子来做许多不同的事情。

▶ 卓·钱和他的其中一只实验小鼠。

从神经递质到神经调质

加州海兔让我们了解到，拥有两种神经递质是怎样增加神经元动作选择的。NMDA系统也有类似的、很容易被总结出来的特性。

然而，来自另一种海洋生物的模型系统则展示出了对神经元动作进行调整有多么复杂。20世纪60年代末，布兰代斯大学（Brandeis University）的伊芙·马德（Eve Marder）开始研究控制龙虾和螃蟹胃部收缩的简单神经回路。

她很快发现，在一个只有30个神经元的可分离回路中，有两种神经递质（谷氨酸和乙酰胆碱）在起作用，而且它们会根据局部细胞环境产生不同的作用。

进一步的研究表明，很多其他分子可以影响来自单个神经元和神经回路的输出，并可以被用于实验操控这些神经元。伊芙·马德的实验室目前列出了27种可以影响相同神经元的不同的循环激素，以及另外27种"局部传递的神经调质"，包括神经递质和最近发现的来自附近神经元的小分子。

这为简单的神经网络提供了巨大的活动变化空间。目前的工作假设是，在更复杂的神经系统中，细微的神经调节是一种规律，而不是一种例外。与神经递质相

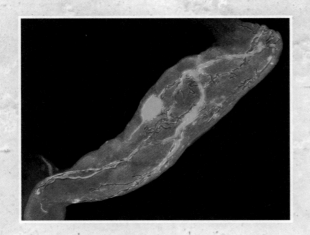

◀ 一只龙虾的神经节中控制胃的神经元之一。

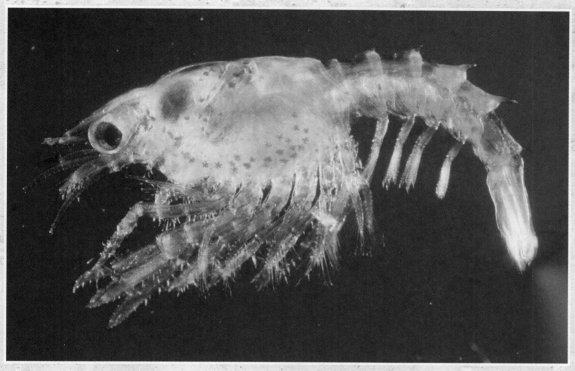
▲ 一只龙虾幼体。

比，神经调质的作用通常较慢，但它会影响神经元对树突输入或其他输入做出反应的难易程度——它们有多兴奋、它们在放电时释放多少神经递质，以及它们的放电模式是什么。

这填补了神经可塑性的图景，除了NMDA系统的基本成分，还有其他的可能性，使神经回路表现出比研究人员过去所认为的更丰富的动态。

但是脑对于规律性也有很强的需求。

研究发现，龙虾肠道中的主要回路维持着一种不变节奏以形成特定的模式（如行走或呼吸）。这项研究在后期结合了对培养的神经元发送计算机控制信号，以及对神经元网络进行计算机建模等技术，展示出了即使单个神经元以不同的方式被改变，其回路也能继续传递相同的输出。因此，同样的演化机制在有需要时可以对灵活性和稳定性都有所贡献。

知道但是不说的细胞

我们很清楚能获得多少种记忆，以及它们是在哪里被加工的。然而，记忆的储存和提取方面仍然存在许多未解的问题，而且有些我们自以为理解了的事情可能最终会被发现是错误的。

其中一个是短时记忆和长时记忆之间的关系。这种记忆分类看起来是真实的。很多东西我们会在记忆中保留几天或几周，但其中只有一小部分最终会成为我们一生都能获取或能够被重建起来的记忆。

但是，之前关于"长时记忆会对最先被储存在短时记忆中的事件进行选择"的看法，在2017年被动摇了。

由东京的北村隆志（Takashi Kitamura）所领导的研究人员利用光遗传学（op-

▼ 单个的海马区神经元。

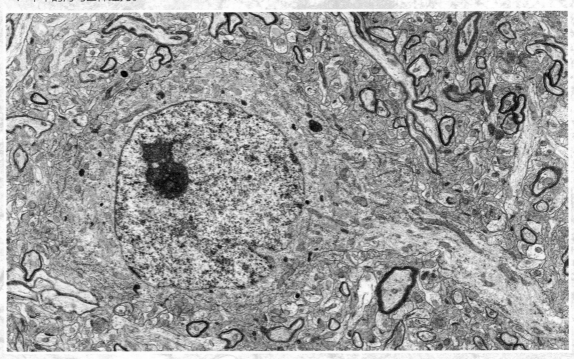

togenetics）技术，研究了记忆是何时在小鼠脑中不同部位变得活跃的。他们发现，海马区和大脑皮质中有细胞对由电击产生的记忆痕迹进行编码。然而，这两个区域的记忆痕迹都只用了不到一天的时间便出现了，这与"短时记忆先在海马区中形成，随后被转移到前额叶皮质进行长期储存和提取"的观点相矛盾。

他们推断短时记忆和长时记忆是同时形成的。这在以前的实验中并不明显，因为大脑皮质的记忆一开始是不可见的，只有打开相关神经元的光遗传"开关"，即相关神经元被激活时，才显现出来。

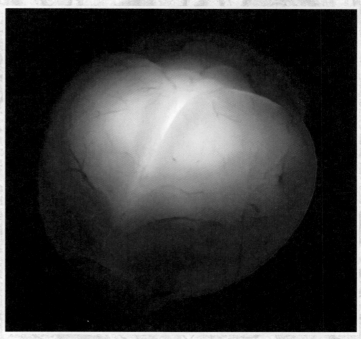

长期的观察表明，大脑皮质中最初"沉默"的记忆细胞在大约两周时间内成熟并变得活跃。海马区内的细胞则相反，它们是逐渐沉默下来的。尽管如此，它们仍然可以被研究人员激活，这表明短时记忆的痕迹仍然留存着。

▲ 植入一只小鼠脑中的一个微小LED，可以激活对其敏感的神经元。

该研究还追踪了一部分杏仁核中细胞的作用，这部分杏仁核储存了事件的某些方面（最初的电击）并连接到了大脑皮质和海马区。

如果这个推断被证实，那么它可能会导致对记忆形成和记忆划分理论的重大修正。

寻找印迹

    突触连接的增强可能是关于记忆的神经科学研究中一个关键问题的解决方案。1904年,德国人理查德·西蒙(Richard Semon)提出了这一点。他说,一个人的记忆必须在脑中留下物理痕迹,即印迹(engram)。

创造一个新词的好处在于，它没有暗示关于印迹到底是什么的任何理论。从那以后，人们提出了很多看法，从分子到共振回路，再到20世纪70年代风靡一时的全息图。

脑中反映记忆的那些变化一定具有与记忆本身相似的性质。它们经久耐用、选择性强；有时可逆转，并且可以相当容易地被获取；有时是被有意识地获取，有时则不是。增强突触连接的各种方式似乎都很合适。用来标记要被增强的突触连接的特定标签是可以被识别出来的；而在一些互补的过程中突触连接会变弱，或被破坏。因此，增强突触连接并没有让事情变得失控，最后所有的东西并没有都连接到一起。

现代大多数关于记忆的研究都是从神经元的放电模式和突触的改变开始的。有一些颇有信心的对"印迹细胞"的发现认为，它们的激活确实与记忆提取有关。不过，仍有一些重要的细节值得考虑。长时记忆可能需要树突棘和它们的许多突触的特殊变化。有迹象表明，突触的改变对于记忆的提取是至关重要的，但它不是保存信息的关键。

一些理论家仍然关注神经元的其他部分。有些人认为表观遗传的变化（对DNA的微小调整）可能对保存记忆有重大意义。有证据表明，短的遗传信息（以RNA分子的形式从DNA转录而来）可以在神经元之间，甚至在神经元和神经胶质细胞之间传递。在海马区中发现的新生神经元也

▶ 记忆的秘密在于突触，但也许不仅仅在那里。

参与其中，从定义上讲，它们产生的任何突触都是新的。神经元放电的实际时间、轴突发送的尖峰模式可能在回忆已储存的记忆时发挥重要作用。

那么，印迹到底是一组突触、一组相互连接的细胞、一种神经放电模式，还是老派观点所认为的一个或多个分子呢？

它可能与蛋白质，甚至与DNA有关。但大多数分子和细胞都在被不断地分解和替换，所以任何理论都必须解释长时记忆是如何能够持续几十年的。它一定是某种能够持久的模式，就像尽管零零碎碎的新建筑层出不穷，但整体布局还保持不变的城市地理一样。它可能是突触受体所位于的支架吗？它与神经元内微管的排列有关吗？脑的微观结构中几乎每一个方面都曾被当成记忆储存的地方考虑过，甚至还有一个想法是通过神经周围网（perineuronal net）的结构变化来反映记忆的储存。所谓神经周围网指的是细胞外基质中大量连在一起的分子，它们填满了脑细胞之间的微小空间。也许有一天，我们会看到一个关于记忆的通用理论能将所有这些因素结合到一个系统中，但目前这样的理论还没有出现。

▼ 重建一座城市但街道布局还保持一样：这是一种不同的记忆吗？

> "如果脑真的按照大多数人所认为的那种方式进行计算，那么它会在一分钟内沸腾。"

分子记忆？

把获取记忆的主要机制聚焦在神经连接和沿轴突向下传递的尖峰序列上，是一个挑战，因为它们会消耗很多能量。

罗格斯大学的查尔斯·加利斯特尔（Charles Gallistel）坚持认为，记忆作为一种信息系统必然涉及计算，而要通过改变轴突放电的模式来实现，将会消耗过多的能量。他说："如果脑真的按照大多数人所认为的那种方式进行计算，那么它会在一分钟内沸腾。"另一种选择是什么呢？在他看来，是分子。正如他所说："用化学来计算，更划算。"

更正式地说，他主张，计算是在脑细胞内部"通过细胞内神经化学对储存于细胞分子中的信息进行操作的方式"进行的。他相信总有一天我们会发现，记忆"看起来就像一个可以被经验书写的基因"。目前，这只是少数人的观点，但也不排除这种可能性。

回忆或是重塑?

关于记忆,有一点是肯定的,那就是在使其发挥作用的过程中,有一些至关重要的权衡。脑必须找到保存信息的方法,而且要使用不断变化的元素来进行保存。蛋白质会被破坏和取代;突触会被重建;神经元通常保持不变,但它们之间的连接会发生变化。

▼ 记忆可能像电影,但它们并没有被储存在类似于胶片那样的东西上面。

成年人最早的记忆可以追溯到他们三岁时，而有些研究人员声称，有证据表明，人甚至能回忆起更早发生的事。即便是像工作记忆这样的短记忆，其持续的时间也比细胞内的大多数事件持续的时间要长得多。在细胞里面，一毫秒是很长的一段时间。

这些限制因素影响了我们对记忆储存和提取的思考。我们知道，被储存的对体验的记忆涉及脑的许多完全不同的区域。回忆起这些体验必须把这些分离的痕迹聚到一起。这种聚合所需要的神经激活似乎也改变了一些连接，因而其神经关联性也增强了。就像神经可塑性允许记忆在一开始被保存下来一样，当记忆被重新带入意识中时，它也会被刷新。通过这种方式，一次详细的回忆不仅是简单地从储存中读取，而是在重塑。这感觉就像一部电影，但是这个比喻是有误导性的，除非每次观看时电影都被部分重拍和剪辑。

脑也是一个嘈杂的地方（无论从电学角度，还是从化学角度看），并且记忆不可避免地会衰退。那些我们感到最确定的记忆，则可能因为它们被反复提取而变得不那么准确，因为反复提取会打破回忆和重塑之间的平衡。

我们知道这是有可能发生的，因为最近有一些对于错误记忆的研究。人们声称自己有生动的记忆，有时是关于创伤性事件的，但结果却发现这些是无意的"发明"。将这种对同一种事件的自我欺骗与真实的记忆，尤其是"恢复"的记忆区分开来，是一个让人挠头的问题。

科学能帮上忙吗？到目前为止只有一点点。实验表明，当"真实的"或"假的"记忆被激活时，功能磁共振成像的扫描结果会有所不同。然而，创伤性事件无法在实验室中被复制。

研究人员也能够在小鼠的脑中植入错误记忆（一件简单得多的事），但这依赖他们使用电极来进行外部干预，因此，这对我们探究这些记忆如何在内部产生的作用有限。

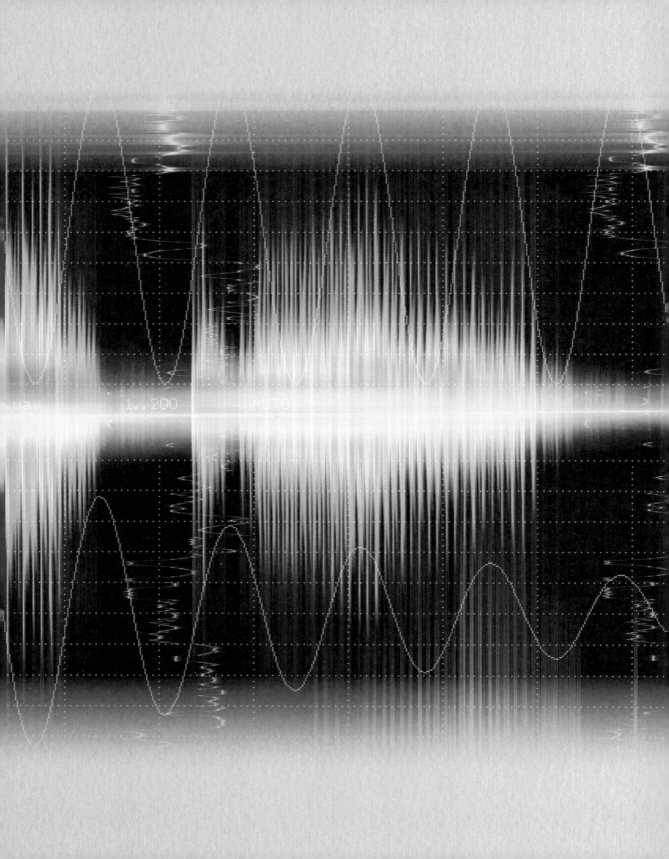

CHAPTER 8
第八章

IT'S GOOD TO TALK
谈话真好

会说话的猿

语言将我们与其他生物区分开来，这是我们的脑最有趣的能力之一。受过训练的灵长类动物（如黑猩猩等）能学会使用手语，但丰富的口头语言却是人类的"专利"。虽然语言并不总是思想的起源，但我们确实把大部分思想用语言表达了出来。

▼ 诺姆·乔姆斯基（Noam Chomsky）。

▼ 尼姆·齐姆斯基（Nim Chimpsky）在20世纪70年代学会了一小部分美国手语。

研究语言的神经科学曾经异常困难。因为只有人类的脑可以被用来研究。几十年来，意外损伤一直是这方面信息的主要来源。心理学实验、电刺激以及最近的脑部扫描和计算机建模，都对其进行了补充。

我们生来并不会使用语言，语言是必须学习的，而且它还有一个学习的关键期（见第三章）。那么，我们学习语言的能力是与生俱来的吗？最初由诺姆·乔姆斯基提出的主流观点认为，语言的基本架构（基本的语法结构）是天生就有的。据推测，这些架构在我们出生时就已经被构建在神经回路中了，之后我们身处的语言文化环境会为其补充上某种语言特有的具体细节。

▲ 生存还是毁灭（To be, or not to be）······莎士比亚的词汇格外丰富。

从语言学和遗传学的角度来看，很多证据符合这一观点，但它并没有被普遍接受。这可能是因为语言是通过一种普遍的模式识别能力获得的，而这种能力使正在发育的脑能够通过追随统计关联来进行学习。这并不能解释语言学习的所有特征，但它有一个科学上的加分点：它是一个更经济的理论。我们知道这种学习一直在继续，而且我们也知道突触的调整是如何帮助它发生的。

有研究试图将语言理解与语言生成联系起来——我们如何把一个声音流听成一串单词序列、如何大声说出我们自己的句子，以及如何学会显然不是天生就会的阅读和写作。

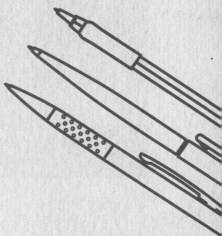

定位语言

指向语言区域的脑损伤是19世纪现代大脑定位的开端。当时，实际的解剖学取代了颅相学，这是将灰质划分为功能区的基础（见第一章）。

保罗·布罗卡和卡尔·韦尼克发现的两个皮质区域位于左半球，并且现在仍然以他们的名字命名，但它们的功能不再被认为是显而易见的。例如，一些布罗卡区有损伤的人并没有患上布罗卡失语症，反之亦然。事实上，布罗卡的前两位病人的脑仍然被保存在巴黎，而且现在已经用磁共振成像对它们进行了检查。扫描结果显

▲ 上图上布罗卡的一位病人的脑。即使在100年后，一个保存完好的脑仍然可以产生新的信息。

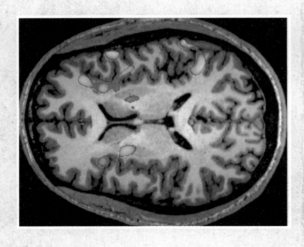

◀ 左图是一张来自关于补全句子的研究的磁共振成像扫描图。

示，其他脑区也有损伤，并且某些重要的连接通道出现了衰退。

对其他一些丧失了部分或全部语言能力的人（通常是卒中患者）的仔细研究显示，脑中许多小区域的更多细节对听懂语言和说话至关重要。

把这些放在一起，你就能大致勾勒出脑进行语言加工的主要连接的轮廓，如下图。

脑中的语言加工区域

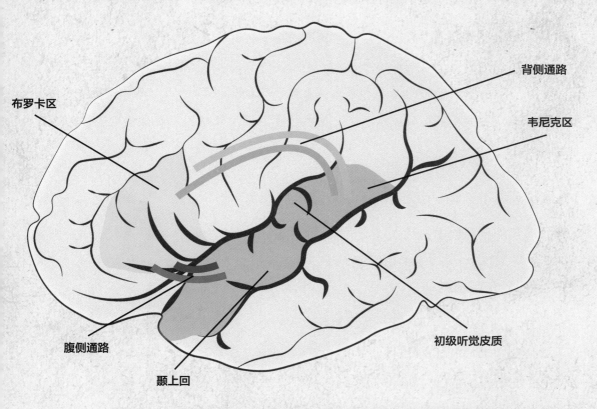

▲ 两条背侧通路的其中一条（淡蓝色的）将韦尼克区和听觉区（这两个区域均位于颞上回）与前运动皮质连接到一起，而且参与了说话的过程。另一条背侧通路（深蓝色的）则将这些区域与布罗卡区连接起来，对加工句子结构至关重要。腹侧通路对语言加工很重要。不同通路的细节仍在被完善之中。

从词到句子

　　长久以来，人们对脑和语言的研究大多是解剖学上的。但是，与一般的脑科学一样，神经语言学正在被技术上的进步照亮。这些技术的进步让研究人员更接近实际的语言加工。

　　2017年发表的一个引人注目的例子使神经科学超越了简单的单词识别，进入了语言的下一个层次——从一连串存在于无数多句子中的单词中提取出意义。

　　一个研究小组在人们阅读一系列测试句子时，对他们脑内部的电活动进行了记录。12名受试者都是癫痫患者，他们同意在手术前将电极插入自己脑中的语言区域，来帮助改善自己的症状。然后，他们用自己的母语（英语或法语）一个词一个词地读

成　短语

越来越长的句子。与此同时，研究小组会记录下他们脑的电活动。

记录结果显示，每出现一个单词，语言区域的电活动就增加一点。有趣的事发生在将几个单词组成一个短语的时候。心理学家已经知道，句子是通过将单词"成块组合"成短语来被理解的，这些短语本身是根据语法规则组合在一起的。

在这项研究中，每当单词聚在一起形成一个短语时，受试者脑的电活动就会减少，而当更多的单词出现时，其脑的电活动又会恢复。

他们的解释是，单个单词被保存在语言的工作记忆中，直到它们能够以这种方式组合。在组合阶段，工作记忆的几个"单元"变成了一个"单元"，对脑电活动的需求就会暂时减少。至少在这项研究所涉及语言的阅读中是这样的。

总体来说，在这项研究中，每个额外的单词或多词短语对脑电活动增加的贡献大致相同。这个发现并没有最大限度地涵盖语言的复杂性，因为人们可能会写出一长段句子。但就目前而言，它与假定模型是吻合的，该模型认为语言是层级化进行解码的，而脑具有将短语彼此"嵌套"起来的能力。一些教育系统教孩子用图表来表达句子，从而逐渐向他们灌输语法规则，但是脑似乎自动就学会了这种规则。

为什么你能够阅读这个？

即使语言被证明是人生来就固有的，阅读也明显不是。而学会阅读使脑发生改变，这是反映脑和神经系统如何与文化协同演化的一个很好的例子，它们都要适应彼此的约束和要求。

斯坦尼斯拉斯·德哈内（Stanislas Dehaene）是上述句子解码实验的设计者之一。他和同事们在若干年前就展示出，阅读依赖视觉皮质的一小部分。不管读者阅读的是哪种书写系统，这个小部分在所有读者脑中的位置或多或少是一样的。

阅读涉及的脑区与视网膜的中心，即中央凹相连，那里细胞密集，视觉辨别能力最强。这一区域通常会对较小且相对简单的形状或形状的一部分做出反应，这使我们能够分析周围的场景和物体。德哈内认为，当我们学习阅读时，这

▶ 斯坦尼斯拉斯·德哈内。

个脑区会根据所学的是字母文字还是象形文字而发生改变。

他提出，尽管书写的方式（从西方人熟悉的字母表到中文的符号阵列）各不相同，但它们都是由脑能识别的基本形状组合而成的。他推测，每种书写系统都是通过探索这些形状作为词或声音符号的各种组合而演变出来的。我们的脑允许这种文化上的发明创造，是因为它足够灵活，可以重新分配一些神经元参与到新任务中。但是，它也限制了发明创造可以采用的形式。因此一个书写系统只能包含一组我们已经能够感知到的有限的形状。

在我们学习阅读的过程中，为人所知的视觉词形区（Visual Word Form Area，简称VWFA）会变得更活跃，并且会重新组织它与口语相关脑区之间的连接。根据德哈内的观点，"读写能力的习得在于为语言网络创造一个新的视觉输入途径"。在学习过程中，语言优势半球的视觉词形区对面孔的反应变得更弱，随后，对面孔的识别将主要在另一个大脑半球（通常是右半球）进行。

王

刘

张

李

高

朱

林

唐

我要发言了

语音和其他声音一样，都是通过空气分子振动的不断变化而传入人的耳朵里的。然而，这些特殊的声音通常会在正确的地方被分割开，以表明我们听到了词。例如，我们听到的是"目录"（catalogue），而不是"猫、一块、原木"（cat, a, log）。

我们还没有弄清楚这到底是如何做到的。将脑中所发生的事情与利用机器从声音中提取单词的方法进行比较，是一种寻找答案的新手段。这也是神经科学和计算机科学之间不断交叉渗透的一个例子。

基于计算机的话语识别系统越来越好用，它们可以通过几种方式被引入神经科学家的研究中。神经科学家的研究通常关注脑电图或脑磁图扫描得到的数据。它们是非侵入性的，而且与磁共振成像不同，它们可以快速跟踪脑的变化，甚至足以跟上说话时声音变化的速度。它们提供了关于一大群一起放电的神经元的数据。还有少数项目则使用插入病人脑部的电极来进行直接记录。

人工话语识别系统是在大量数据基础上进行训练的。它们利用已被记录的单词出现概率的模型，以及将单词分解成不同语音单元（或称为"音素"）的发音数据库，来对所说的话进行统计解码。

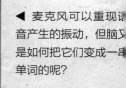

◀ 麦克风可以重现语音产生的振动，但脑又是如何把它们变成一串单词的呢？

通过将这种方法直接应用到说话过程中脑内电极所记录到的少量数据上，这种系统已经被用于产生简单的"脑到文本"读出。因此，研究人员的长远目标是建造出一个可以直接将人们的内在话语生成文本的系统，而无须人们出声说话。其他研究人员对从脑电图和脑磁图中获得的人脑在加工话语时的信号模式，与一个人工话语识别系统在相同输入的不同阶段产生的信号模式进行了比较。他们考察了计算机所分析的与一段特定语音输入相关的脑影像数据，并分析了一个计算机系统在同样任务设置下进行的操作。

不同学科之间的结合有望改进人工话语识别系统，例如以更自然的方式划分连续的语音输入，并为话语的神经加工机制提供思路。

▼ 人类的喉咙，解剖于17世纪。

1. 喉头盖
2. 喉
3. 粗动脉
4. 食管

"灯泡时刻"是真实存在的吗？

你看到一个卡通人物遇到了问题，此时一个灯泡出现在它们头顶——它们有主意了！

最近一项更引人注目的脑扫描研究提示，"灯泡时刻"可能是真实存在的。

2016年，加州大学伯克利分校的杰克·加朗特（Jack Gallant）实验室发表了一幅引人注目的人脑图谱，图谱显示了大脑皮质的哪些部分会对各个单词有反应。这个可以通过在线交互的方式进行探索的图谱引发了人们的热议和批评。尽管这是一项对认知神经科学的最新贡献，但或许这只是一次由数据驱动的重新描述，它生成了漂亮的图谱，但并不能真正告诉我们脑是如何工作的。

它看起来确实令人印象深刻。这幅图谱的绘制细节，可以很好地说明脑成像数据是如何被处理从而产生如此强大的图像的。

这项绘制工作发展了以往旨在映射"语义空间"的研究。在这项研究中，加朗特实验室的一名研究人员亚历山大·胡斯（Alexander Huth）让6个人听了两个小时的故事录音，这些录音使用了大约3000个不同的单词。同时，他对他们的脑进行了磁共振成像扫描。

扫描记录了脑对每一个单词有反应的区域，表现为这些区域的血氧水平提高。长达两个小时的扫描可以让我们获得分辨率更高的脑影像图。

然后是更精细的数据处理。对单词的直接扫描数据与一个数据库结合在一起。这个数据库使用了大量文本来计算10000个单词（原来的3000个加上另外7000个）和大约1000个常用单词一起出现的频率。这就定义出了一个"空间"。在这个"空间"中，单词的关联被详细地进行了映射，并被用来预测：如果听者听到了1万个单词中的任何一个，大脑皮质的哪个位置会被激活？

他们进一步将大的单词集缩减到仅有四个维度。这四个维度与更广泛的关联词相关。其中三个被用来给整个图谱上色。

此处对漂亮演示的要求可能超过了为科学考虑的范畴，因为除了随意分配的颜色，很难说出这些维度到底意味着什么，但是它们确实让图谱看起来更漂亮了。

此处不应该忽略这样一个事实：单词与脑区之间的映射是有极大吸引力的，而且具有无穷无尽的暗示性。该研究的两项重大发现让人们从不同的角度去看待以往对脑和语言的研究。以往的许多研究结果提示，语言加工与脑中特定的区域有关，而且通常只体现在一侧大脑半球中。然而，这张图谱表明，整个大脑皮质或多或少都参与了对单词意义的解读，而且在这里并没有半球差异。同样出乎意料的是，他们发现这个小小的受试者团体（加上胡斯本人一共6人）的图谱（经扫描而得到）大致是相似的。他们接下来的工作将进一步研究更多样化的受试者，以及说不同语言的人。

除此之外，这张图谱本身似乎还提供了更多的细节，这些细节超出了研究人员目前对脑语言系统的理解。这里有一些模式在某种程度上是与单词的意义（对

▲ 这幅大脑皮质的图像上叠加覆盖着能在（遍布整个脑的）各个小区域的细胞中产生响应的单个单词。

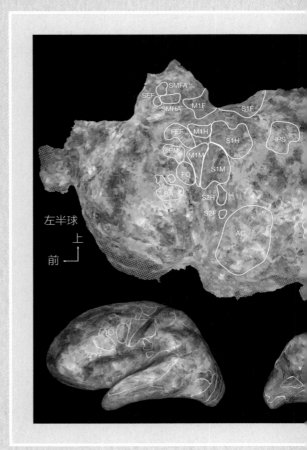

于单词而言真正重要的东西）有关的。但这些模式本身意味着什么呢？要回答这个问题，需要一些目前难以想象的理论上的发展。正如一位研究人员所评论的那样："我们不太可能基于这样的结果去改变对语义的概念化，或语言加工的神经基础。"

尽管如此，将单词"绘制"到大脑皮质上虽然有点像装扮一新的颅相学，但这是一项远远超出前几代神经科学家能力范围的技术成就，而且它生成了一幅脑图像，激发了人们的想象。谁知道它会将我们引向何方呢？

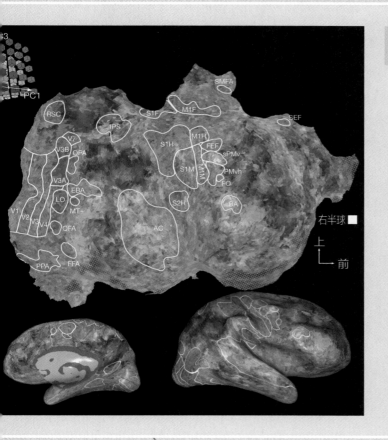

一种新的脑图谱

这些来自语言映射研究的组合图像显示出人们对不同类别的单词的反应是如何在大脑皮质上分布的。在这里，大脑皮质以三维视图显示，并（在中心）被"摊平"，以方便分析。整个图像集是交互式的。

第九章 CHAPTER 9

操纵脑 MANIPULATING THE BRAIN

感觉很好

与情绪一样，愉悦和痛苦都与身体相连，却在脑中被体验到。我们大多数人都愿意把愉悦最大化、把痛苦最小化。而无论怎么做，我们都是在对脑采取行动。这意味着要去影响神经网络中每时每刻发生的化学和电学事件。

历史记载了许多在不同文化中使用化学物质刺激脑的习惯。现在我们也有了直接干预脑的电传输的额外选项。我们尚不能以严格控制且取得可靠结果的方式来做这件事，但我们可以看到这是如何发生的。

这些想法的背后，是一组关于脑如何以及为什么产生愉悦的感觉的结果，这一结果得到了很多研究的支持。和往常一样，这些发现是在一个演化的背景下得出的。愉悦原本是一种激励我们去做一些促进生存和繁殖之事的方式。不那么常见的是，目前关于"脑的哪些区域在说着愉悦的语言"的故事几乎被所有人认可。毫无疑问，这并不是故事的全部，但就其本身而言，几乎可以肯定是正确的。

它始于20世纪50年代的一次偶然发现，当时的实验用到了在脑深处装有电极的啮齿动物。大鼠脑中有一个小区域，如果让大鼠自己去电刺激这个脑区，它们就会无休止地去刺激这个脑区而不考虑其

◀ 遗憾的是，感觉良好和确实有益并不总是重合的。

他东西。一只接上电线的大鼠每小时按下魔术杆7000次直到精疲力竭，这是整个20世纪60年代脑研究的主要景象之一。进一步的研究绘制出了一系列相互关联的脑区（被称为愉悦中枢），它们在调节行为方面发挥着强大的作用。这在当时是一个新的想法，而现在已经成为共识。现在我们对该系统运作的某些细节有了很好的了解。在人类身上进行性高潮这类实验是不被接受的（不过仍有一两个实验进行过尝试），但有很好的证据表明，这个基本系统在所有哺乳动物身上都是类似的。

▲ 有时候，仅仅是对愉悦的期望就能让我们继续前行。

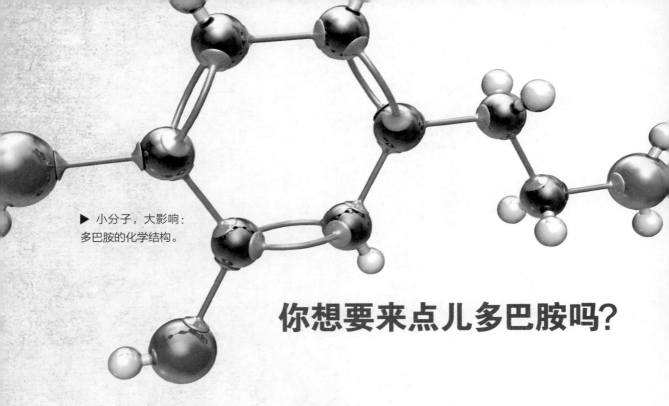

▶ 小分子，大影响：
多巴胺的化学结构。

你想要来点儿多巴胺吗？

对愉悦中枢的电学和化学分析表明，中脑里面的一个叫作腹侧被盖区（Ventral Tegmental Area，简称VTA）的小区域起着关键作用。它的神经元的轴突连接到脑的其他几个区域，包括前额叶皮质、杏仁核、海马区，以及一个被称为纹状体（striatum）的区域。当VTA神经元放电的时候，所有这些区域都接收到了多巴胺这种活跃的神经递质。但对于感觉良好而言，最重要的联系似乎是VTA的多巴胺释放和纹状体附近一个被称为伏隔核的区域的连接。

VTA通过权衡与前额叶皮质相连的兴奋性突触（释放谷氨酸）输入和从伏隔核传回来的抑制性突触（释放 γ-氨基丁酸——GABA）输入，来决定传递出什么信号。

其核心思想是，增加来自VTA的多巴胺释放（尤其是在伏隔核之中）等同于愉悦。大鼠用爪子触碰一个杠杆来获得电刺激的好处，实际上相当于在正确的地方寻找一剂神经递质。因此，从最简单的角度看，当我们做任何让我们感觉良好的事情时，也是这样的。大量的实验（其中包含可控的电刺激、注射多巴胺或者阻止多巴胺起作用的化学物质）都符合这个基本假设。

VTA与脑的其他区域的连接，为情绪、记忆与愉悦体验之间的联系提供了理论依据。VTA神经元上其他神经递质的作用使整个系统更灵活。当前关于记忆的观点认为，突触的长时程可塑性——加强某些连接，削弱其他连接——让我们对以下问题有了更详尽的解释：一些愉悦是如何在我们生活中的不同时间显现出来的？习惯是如何养成的？一些曾经令人愉悦的习惯是如何令人成瘾的（即使脑中感受到的奖励已经逐渐消失了）？人类行为比啮齿动物的行为复杂得多，因此这离对人类行为有一个完整描述还差得很远，但是神经科学确实有了关于愉悦的一般理论的大致轮廓。

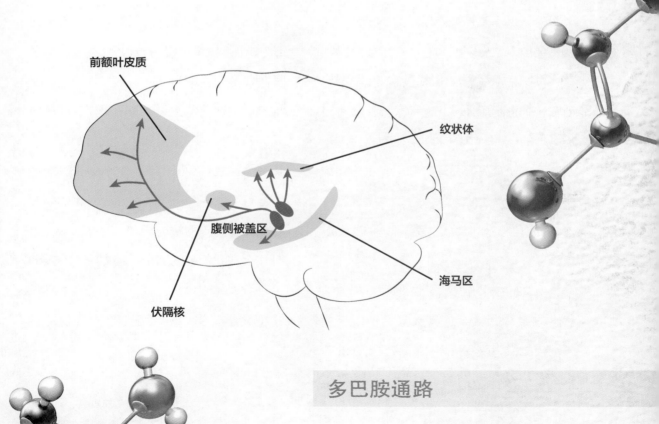

前额叶皮质

纹状体

腹侧被盖区

海马区

伏隔核

多巴胺通路

有历史的药物

寻求愉悦的人所使用的药物中有些已经存在了好几个世纪，有些则是全新的。所有这些药物都以这样或那样的方式作用于神经元之间的化学输送方面。在大多数情况下，我们很清楚它们是如何工作的。然而不管它们的效果有多吸引人，当它们被用在像脑这样珍贵而又错综复杂的组织上时，都显得很像钝器，但数以百万计的人还是这样去用。它们还揭示出了关于脑是如何工作的一些有用线索。

最近的神经科学让人们对旧的药物有了新的认识。鸦片被使用了数千年，它是从罂粟中提取出来的。它的有效成分吗啡在19世纪早期被分离出来，而其化学结构则在一个世纪后才被正确地解析。海洛因是吗啡的一种简单的化学衍生物，可溶于油脂，这使其更容易通过细胞膜。吗啡和海洛因都能产生复杂的效果，包括减轻疼痛、远离世俗烦恼，以及获得一种普遍的极乐感。

但这些效果是怎样产生的呢？相关的化学线索从20世纪50年代开始出现。分子结构的微小改变可以生成药性更强的药物，或完全阻断药物的作用，这是吗啡

的一种特定受体存在的间接证据。这种受体最终在1972年被分离出来。当时，坎迪斯·珀特（Candace Pert）成功地获得了一种高放射性的吗啡阻滞剂。她让这种阻滞剂附着在受体上足够长的时间，从而将受体从均质化的脑细胞中提取出来。她的研究为神经科学赢得了一个小小的胜利。

这引发了为一个现在显而易见的问题找出化学解答的相关研究：吗啡的受体为什么会在我们脑的那里？脑中一定有某种人们之前未知的"信使"，它就是吗啡这把化学"钥匙"恰好与之契合的那把"锁"。

老派风格的神经化学

21世纪神经科学中的高科技经常快速地收集数据，即使这些数据可能很难被解读。但在过去，许多脑研究都是苦力活儿——就像分离第一个使用吗啡受体的肽分子的研究一样。

这项研究始于阿伯丁（Aberdeen）的一家屠宰场，研究人员约翰·休斯（John Hughes）在那里收集猪头，以摘取它们的脑。回到实验室后，冷冻的猪脑（其他人用的是小牛的脑）必须被捣碎，并用丙酮进行粗糙的处理，以去除脂肪。剩下的蛋白质汤逐渐减少，直至留下小分子的混合物，这些小分子中的一个可能就是目标。

我们现在知道，活性分子很快会被大多数组织中的酶破坏掉。阿伯丁研究小

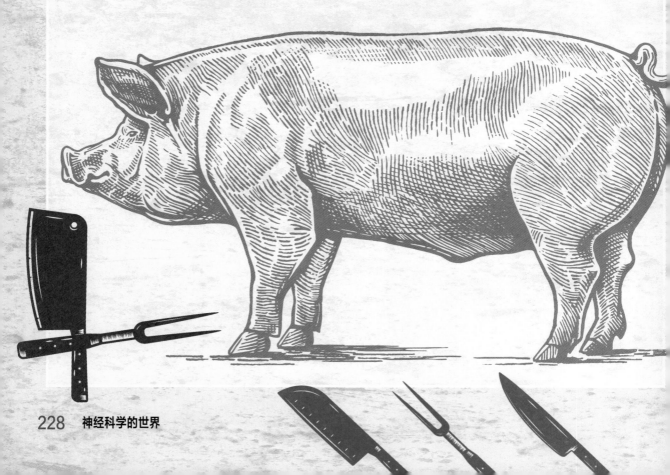

组使用了一种制剂来测试小鼠输精管的吗啡类作用，因为它的输精管中缺乏这种酶。到1974年，他们已经确定在其分子混合物中有某种类似吗啡的物质。但他们又花了两年的时间才分离它，并搞清楚它的结构，部分原因是混合物中有两种分子，而不是一种，5个氨基酸结合在一起形成了一个小的肽：其中4个是相同的，但最后一个有两种可能。这是一个在其他一些激素和激素前体中重现的氨基酸序列。细胞和脑在生物演化的过程中使用并且重复使用着相同的"信使"。

今天，内啡肽（endorphins）（它们被称作脑中产生的鸦片）的概念已经被广泛认识，并且已经有超过20种内啡肽被识别了出来。如果不是人类在古代发现了罂粟的特性，它们的产物可能无法被人们注意到。

作用的所在之处

通过对它们可能模仿的脑中的分子和接受它们的受体进行研究，人们发现了那些旧有的药物是如何起作用的。正如它们的效果所示，有相当一部分是与愉悦中枢相关的。无论用哪种方式，它们都放大了与VTA相连的区域中多巴胺的作用。

吗啡通过减少抑制性神经递质 γ-氨基丁酸（GABA）的释放，来间接地起到这一作用。这导致VTA神经元更加兴奋，从而向其目标释放出更多的多巴胺。

大麻含有一种活性成分——四氢大麻酚，它与一般情况下识别脑中制造的与愉悦有关的分子的那些受体相结合，从而以同样的方式让人产生良好的感觉。

可卡因通过将多巴胺带回突触前细胞来阻断一种可清除多巴胺的转运体。因此，这种能让人感到愉悦的神经递质停留的时间更长，并且对其目标的影响更强。它的人造"继任者"——安非他命（苯丙胺）也有同样的作用。

尼古丁找到了另一种可增加VTA多巴胺释放的方式，这涉及与特定受体的结合。在这种情况下，它们是一类乙酰胆碱受体，增加了VTA神经元输入端谷氨酸的释放，增强了其兴奋性。

酒精有更广泛的影响，它和几种不同的神经递质受体的相互作用有关。它也会激活内啡肽系统，这大概可以解释其适度的极乐效应。

出于对咖啡因的热爱

即使是咖啡因，也有其影响多巴胺水平的方式。它通过与无处不在的腺苷受体相结合来实现各种各样的效果。

这种世界上最受欢迎的精神药物通常被认为是一种综合的助推剂，它能提高警觉性并防止人睡着。它主要通过阻断腺苷受体来实现这些功能，而腺苷受体存在于包括神经元在内的大多数细胞中。

结合小分子的蛋白质通常是从已有受体演变而来的，而腺苷受体在结构上与其他类型的受体类似，因此它们中有一些会与不同类型的多巴胺受体形成稳定的组合。

当咖啡因接触到这些蛋白质聚合体的腺苷结合点时，它会改变形状，并影响多巴胺的结合部位。

通过这种方式，咖啡因除对血压、排尿、心率和警觉性产生广泛的影响外，还会对纹状体和伏隔核中的多巴胺有影响，因此早晨喝一杯咖啡会让你有一种更健康、更清醒的感觉。

成瘾

药物的使用及成瘾的概率因使用时间、地点和使用者性情的不同而大不相同。但是，对以多巴胺为"信使"来传达奖赏信息的脑区进行的研究，已经建立起了一个有效的关于成瘾的整体理论。

化学成瘾不只是一种习惯。它涉及从对一个药物偶尔的使用，到产生依赖和强烈的戒断渴望的转变。反复使用者开始耐受这种药物（需要更大的剂量，但是效果更差）。在戒断过程中，有一些强有力的关联会导致复发。

所有这些都需要时间，也并不是每个人都会成瘾。尼古丁是最有诱惑力的化学物质，80%的吸烟者会成瘾，这是注射海洛因成瘾者比例的两倍多。我们可以把成瘾当成脑在学习东西。有充分的证据表

明，它以类似于其他学习和记忆的方式改变着脑（见第七章）。

例如，服用一剂可卡因后，VTA中的一些兴奋性突触会产生长时程增强，这也可以由吗啡、尼古丁和酒精引起。这种影响仅限于导致成瘾的药物和脑的这部分区域。其长期影响还包括某些抑制性突触的降级运作。

这种变化通过加强在VTA、部分大脑皮质和杏仁核之间的连接，加快多巴胺的释放，从而建立有助于成瘾的联系。反复使用这些药物会导致接收VTA输入的区域发生变化，让它们往往在VTA神经元放电时减少多巴胺的释放，而这好像是发展出耐受性的一个可能机制。

▼ 老虎机使用一种重复的行为模式。这个设计很巧妙。

这些是关于成瘾的一般理论的原理。这已经超越了毒品的范畴，覆盖了对赌博、甜食或性的病态依恋。由此看来，能带来愉悦的行为是对脑的间接化学操纵。出于同样的原因，克服各种瘾往往需要长期的努力，因为这涉及学习一种新的行为模式。

被爱迷住？

如果成瘾是有害的，那么迷恋会是有益的吗？我们怎样才能在两者之间划清界限呢？我们似乎很容易找到浪漫的爱情（尤其是在早期阶段）和成瘾之间的相似之处。爱情中的人们渴望亲密接触、不顾风险，失去所爱时有着戒断症状，甚至在恋情结束很久后还会复发。

如果我们戴上神经学家的还原论眼镜看，我们就会发现很显著的一点，即浪漫的爱情激活了奖赏系统的多巴胺通路，其方式类似于对成瘾药物的反应。磁共振成像研究显示，无论恋爱关系出了问题的情侣，还是仍幸福地在一起的情侣，其伏隔核（这个小

◀▲ 我会永远爱你——或至少到多巴胺的作用消失前。

小的区域正是VTA神经元的主要目标区域之一）的活动有所增强。

在阿尔伯特·爱因斯坦医学院，海伦·费舍尔（Helen Fisher）详细研究了人们在恋爱和失恋时的功能磁共振成像扫描结果。2005年，她发表了一篇阅读量很多的论文，题为《浪漫的爱情：对于择偶的一种神经机制的功能磁共振成像研究》（*Romantic love: an fMRI study of a neural mechanism for mate choice*），这一实事求是的标题也表明了她的研究方法。

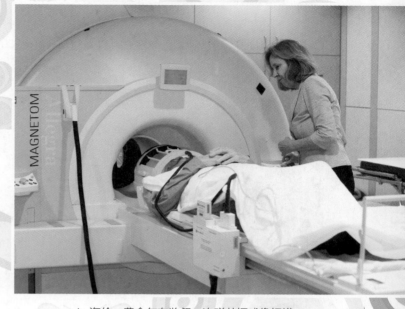

▲ 海伦·费舍尔在监督一次磁共振成像扫描。

她的观点是，将爱当成一种以多巴胺为中介的固着依恋（她称之为"自然成瘾"），是有充分理由的。从这个观点来看，浪漫的爱情不是一种情绪（因为所有的情绪都是这种浪漫爱情体验中的一部分），而是一种驱动力，是激励我们实现生存目标（找到一个首选配偶）的系统中的一部分。

有一种相反的观点认为，只有当爱情导致了糟糕的结果（比如受迫的性诱惑或依附于一个有暴力倾向的伴侣）时，才应该把它与成瘾联系起来。然而，牛津大学的一个研究小组在2017年对当前已有研究进行了总结，得出的结论是，恋爱就是"在某种程度上"对另一个人成瘾。然而，这与其他类型的成瘾的主要区别在于，一种药物或一堆甜甜圈永远不会反过来也爱你。

改变的状态

促进多巴胺分泌的药物具有强大的吸引力，但作为一种以更多样的方式改变感知的物质，至少其在科学上是十分有趣的。

1938年，阿尔伯特·霍夫曼（Albert Hofmann）利用合成化学制出了第一种现代致幻剂LSD（麦角酸二乙基酰胺），但他在几年后才偶然发现它具有影响精神的特性。我们现在知道，它的结构与神经递质5-羟色胺非常匹配，它也是致幻蘑菇和佩罗特仙人掌制剂的活性成分。然而，LSD比那些传统的致幻剂更有效，仅仅用25微克就足以改变人的意识。

▲ 阿尔伯特·霍夫曼。

▼ 在电子显微镜下看到的"神奇"蘑菇孢子。

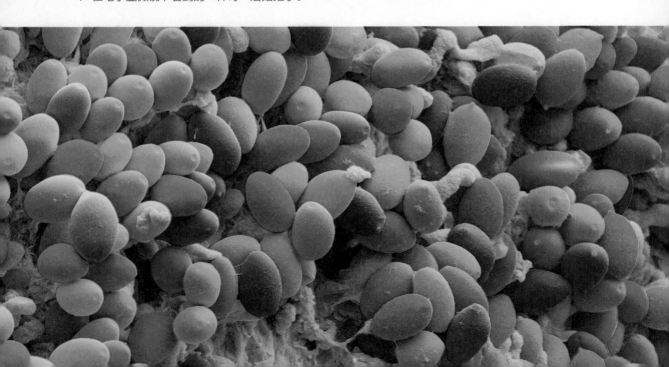

你看到了什么?

大家都同意,LSD和其他致幻剂会改变人的意识状态,可要说清楚到底是什么被真正改变了则比较困难,因为意识仍然是神经科学的一个深层次问题(见第十一章)。

关于LSD的研究曾被禁止几十年。现在,一些脑部扫描研究已经开始描述它的效果。相关的研究工作还处于早期阶段,但最近有证据表明,在正常情况下与视觉加工无关的脑区能帮助产生人们在受到LSD影响时看到的那些东西。

2017年,苏塞克斯大学(University of Sussex)发表的一项研究表明,一些脑部信号在3种药物的影响下会变得更复杂,它们是:LSD、裸盖菇素(致幻蘑菇的活性成分,psilocybin)和氯胺酮(keta-mine)。

这项研究因揭示出了一种"更高"的意识状态而被广泛报道,它重新分析了数十名服用药物的志愿者的数据,而这些志愿者在服用药物的同时,还装配了脑磁图传感器。脑磁图传感器通过检测树突中离子流动引起的微小磁场变化,来间接显示神经元的活动。

这次新的分析应用了一个对信号多样性进行抽象数学测量的方法,它被认为是对相关脑活动复杂性的度量。这是一个非常普遍的指标,可以区分从醒着、睡着或处于深度麻醉状态的人身上获得的信号模式。从这个意义上说,它可能与意识有关(同样的方法也被更广泛地用于测量意识水平——见第十一章)。

在这个测量中,志愿者表现出了超出正常范围的复杂症状。这是什么意思呢?根据苏塞克斯大学的研究人员安尼尔·赛斯(Anil Seth)的说法:"(他们的)脑的电活动与正常清醒状态下脑的电活动相比,更难以预测,也更不那么协调。"LSD的使用者可能已经知道这一点了。

测试、测试——亚历山大·舒尔金和致幻剂

通常不允许在人脑上做关于致幻剂的实验，除非是自己的脑。2014年去世的美国研究人员亚历山大·舒尔金（Alexander Shulgin）合成了大量新型致幻剂并自己进行了尝试，他逐渐痴迷上了对致幻剂的研究。

20世纪60年代，他在陶氏化学公司合成了类似LSD的DOM。离开陶氏后，他继续在一间自己建造的实验室里进行这种物质分子结构的修补。多年来，美国政府允许他自由实验，条件是他要与美国禁毒署（Drug Enforcement Administration）商议。他计划制造一种新的物质，并估算出需要多少剂量才能改变人的意识，然后他会服用其中的一小部分并逐渐增加剂量，直到他感觉到这种物质的效果。

20世纪70年代末，舒尔金以"摇头丸之父"闻名。他在寻找一种凝血剂时研制出了MDMA，并记录下了它对脑的影响。之后他发表了这种新的合成物。消息传出后，这种

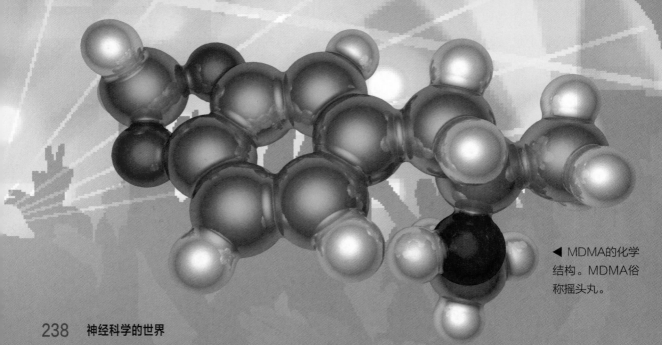

◀ MDMA的化学结构。MDMA俗称摇头丸。

毒品就进入了夜总会，并在世界各地大肆传播。

20世纪90年代，他从事违禁品相关工作的许可证被撤销了，但他仍继续从事新化合物的研究。在他的职业生涯中，他创造了超过100种新的精神活性化合物，其中许多记录在他1991年出版的大部头著作《我所知道和喜爱的苯乙胺类》（*Phenethylamines I Have Known and Loved*，简称PiHKAL）及其续作《我所知道和喜爱的色胺类》（*Tryptamines I Have Known and Loved*，简称TiHKAL）中。

舒尔金支持将他所测试的药物合法化，但正如他在2010年接受采访时所说的那样，"在我所推出的药物变得流行后，他们通常会等上4年左右，再把它认定是非法的"。

他坚持科学的严谨性，拥护致幻类药物在精神扩展方面的可能性。他的舒尔金新化合物评定量表的评级可以一直往上到+4，表示达到了一种新的、超越的意识状态。他写道："如果一种药物（或技术、过程）被发现能够在所有人的身上持续产生+4体验，可以想象，它将标志着人类实验的终极演化，或许是人类实验的终结。"

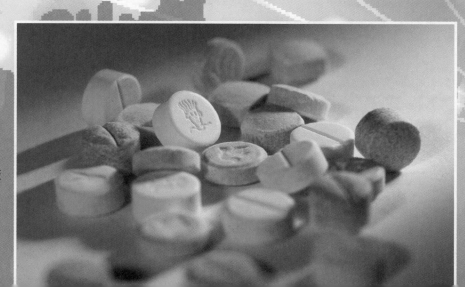

▶ MDMA药片是可贩售的狂喜吗？

变化的电流

使用药物来影响人脑的历史可能和我们人类的历史一样悠久。早期的人曾使用电流做过一些尝试，但把电作为操纵脑的主要替代方法来使用要晚得多。

许多重要的发现都依赖电极对脑的直接刺激，但这只发生在人们需要紧急手术的时候。相比之下，改变脑中电信号最流行的方法是非侵入性的，其中最古老的方法是用光和声音刺激脑。脑电图的鼻祖汉斯·贝格尔发现，当受试者看到一闪一闪的光时，其脑电图的信号就会发生改变。坏消息是，这可能引起癫痫发作，因此便有了对频闪效应提出的警告。但是，英国生理学家格雷·沃尔特（Grey Walter）在20世纪50年代的报告中指出，长时间暴露在频闪光线下会使人产生幻觉，这导致一些人尝试使用闪光机器来替代致幻剂。这种机器的商业衍生品（要么利用光，要么利用声音）仍然在网上售卖，尽管关于这种自我实验的结果几乎没有什么科学证据。

更明显的电学调控设备是脑电图生物反馈，它在20世纪70年代开始普及。这种简单设备可以让使用者实时监控自己的脑电图。熟练的人也可以通过专注于他们想看到的波形来改变屏幕上的内容。20世纪70年代的焦点是阿尔法波，它被视为放松的标志，类似于在冥想或瑜伽中获得的放松，或是催眠的结果。后来的使用者在他们的工作中还加入了脑电图的其他成分。

近年来，一些临床实验还使用功能磁共振成像作为生物反馈的监测手段，这可以帮助一些病人减轻慢性疼痛。

▶ 某些类型的瑜伽可以是一种冥想，它们对脑波有类似的效果。

电击脑

电击脑的尝试要早于现代关于电学或脑的想法。据说，一位古罗马的医生曾使用"电鳐"（一种能发电的鱼）来治疗头痛和痛风，不过目前我们还不清楚他用的是哪种鱼。

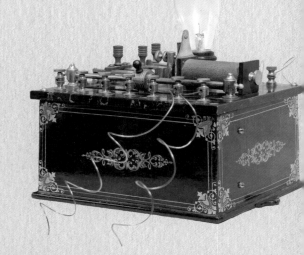

▲ 一台异常华丽的早期ECT装置。

然而，直到1938年，意大利精神病学家乌戈·切莱蒂（Ugo Cerletti）在一个精神分裂症患者的太阳穴上安装了电极，人们才开始认真尝试利用电效应。它原本是用来引起抽搐的，因为用化学药品进行的实验曾提示，抽搐可以缓解一些极度严重的症状。从这个意义上来说，这是一次向现代方法的转变，因为它假设症状出现在脑中，所以对脑采取行动可能是一个替代心理治疗方法的可行的选择。

20世纪40年代中期，随着麻醉剂和肌肉松弛剂的加入，这种治疗方法开始流行起来，它主要用于治疗抑郁症。使用这些药物意味着抽搐仅限于脑。实际上，患者是被人为地诱发了一次癫痫。

它也是精神病学历史上最具争议的治疗方法。其部分原因是，我们仍然不清楚它是如何产生作用的，在太阳穴上施加电流看起来像试图通过脚踢收音机来修理它。这种疗法在20世纪50年代也被精神病院用作一种惩罚手段。1975年的电影《飞越疯人院》（*One Flew Over The Cuckoo's Nest*）中有一个著名的场景，

即用电休克疗法（ECT）使一名不听话的病人——由杰克·尼科尔森（Jack Nicholson）所扮演——安静下来。按照医学历史学家乔纳森·萨多斯基（Jonathan Sadowsky）谨慎的说法，这一场景"对于它所描绘的时代来说，并不是完全不现实的"。

如今，全世界每年仍有大约100万人在使用这种疗法。精心设计的现代电休克疗法被用于治疗一些严重的抑郁症患者，以及其他一些患有严重孤独症的儿童。麻

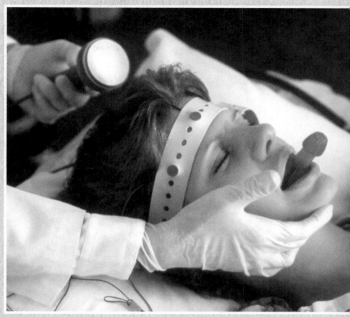

▼ 现代电休克疗法伴随着麻醉剂的使用。

醉剂和肌肉松弛剂使电休克疗法表面上看起来无事发生，但它其实还涉及让电流通过颞叶、诱发癫痫，以及记忆丧失。当其他方法都不起作用时，这种疗法确实会对一些病人有益，但如果我们能理解其中的原因，并能以更精细、更有教养的方式产生同样的效果，那就太好了。

◀ 鲶鱼、鳐鱼和鳗鱼都有一种电击装置。

脑深部电刺激

　　脑电图是从头皮获取电流的，其信息量要少于脑内部电极所记录的电信号产生的信息量。同样，ECT远不如通过带电的电极直接进行电学干预那样精准。但是这些电极应该在什么时候派上用场？用在哪里？能提供什么帮助呢？

　　迄今为止，最令人印象深刻的成就涉及帕金森病。我们知道这是一种退行性疾病，患者中脑黑质部分产生多巴胺的那些细胞死亡，从而导致其失去了对运动的控制。

　　目前对帕金森病还没有治愈的方法，但是通过多巴胺前体和相关药物来缓解症状的努力已经取得了一些成就。当这些药物失去作用或产生了难以控制的副作用时，脑深部电刺激（Deep Brain Stimulation，简称DBS）就是一种替代方法。之所以是"深部"，因为电流不仅仅被施加到了大脑皮质，还进入了脑的深处。

　　一小组高频电极必须被植入患者颅

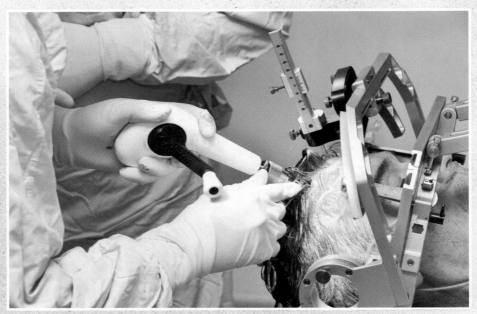

◀ 脑深部电刺激需要通过手术植入电极。

骨内。由于我们并不真正了解电流的作用，植入区域只能根据个体症状的最佳猜测来选择，如果手术是在局部麻醉的情况下进行的，那么植入的同时还要与患者进行交谈。

与ECT不同，脑深部电刺激是持续的。电极被连接到一个由电池供电的电源上，这有点像心脏起搏器。电源通常在脑手术一两天后被植入胸部，其电线在皮肤下面一直向上延伸到脑。与心脏起搏器不同的是，患者可以控制它。在帕金森病患者脑中进行这种手术已有20年的历史，有超过10万名患者携带了这种植入物。

一个光明的未来

与药物治疗相比，DBS有一个优势——它只影响脑中特定的一小部分，而不是整个脑。它对帕金森病的积极结果鼓励人们进行了一些用DBS治疗严重精神障碍的实验。其中一个目标是治疗严重的强迫症和抑郁症，因为其他治疗方法对它们都没有效果。到目前为止，对前者的治疗结果稍微更有些希望，但对两者产生良好结果的比例都很小。进行下一步实验的问题是决定将电极放置在哪里。要回答这一问题，可能需要在不同的条件下，对大批受试者进行刺激和记录，然后提取出电活动变化的可靠标志。这还有一段路要走。

▼ 连接到电源上的脑深部电极的示意图。电极被描绘得比现实生活中的更大一些。

经颅刺激

　　DBS具有很强的侵入性，而其他能够影响脑的新技术却没有那么严重。一种是电的，另一种是磁的，它们的名字很相似：经颅直流电刺激和经颅磁刺激。之所以是"经颅"，是因为它们都依赖颅骨外的设备。

▲ 经颅直流电刺激。

经颅直流电刺激

　　这个经颅直流电刺激有点像轻量级的ECT。它也涉及使用接通了小电流（以毫安计）的激活电极。它足够强大，因此在打开电源时能被感觉到，但它不会使神经元直接放电。一种理论认为，它通过改变膜电位来影响放电的可能性。

　　由于这项技术简单易行，而且相对无害，因此它被用于治疗各种各样的疾病（从抑郁症到精神分裂症，再到慢性疼痛），并有望改善学习能力、记忆甚至智力。但关于它的随机对照试验几乎还没有开始，而到目前为止，发表的相关研究成果也没有显示出什么明显的益处。

◀ 经颅磁刺激。

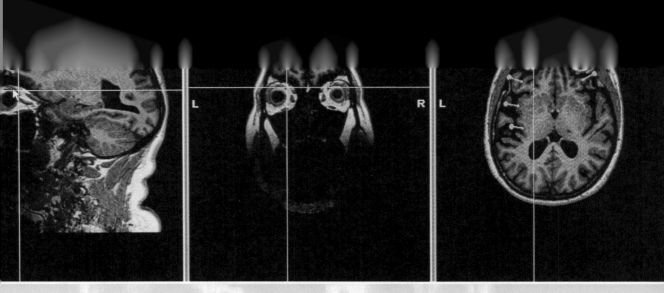

▲ 磁共振成像可以帮助识别出大脑皮质的最佳区域，以进行缓解抑郁症症状的经颅磁刺激。

经颅磁刺激

经颅磁刺激要简单得多，它在颅骨附近放置一个电磁线圈，以传递短暂的磁脉冲。磁脉冲会在脑的内部产生电磁场——脑这个组织就像你在实验室中演示电磁感应时看到的次线圈一样有效。电磁场可以影响神经元，但随着距离的增加，它会迅速衰减，因此它只能影响几厘米厚度的脑。它也比经颅电刺激更难进行定位。

单次磁刺激被用于诊断，特别是评估卒中患者的损伤程度。这项技术也有研究用途，但对其更广泛的兴趣再次集中在可能的治疗效果上。重复性的磁刺激已经被用来治疗严重的抑郁症和缓解慢性疼痛。

由于它仍然涉及一种病因不明、治疗方法尚不清楚的疾病，因此目前最好只将它看作一项研究技术。当前，操纵脑的这些最先进技术提示我们，当有一种新方法出现时，问上一句"我能看你先做一下吗"是一个很好的建议。

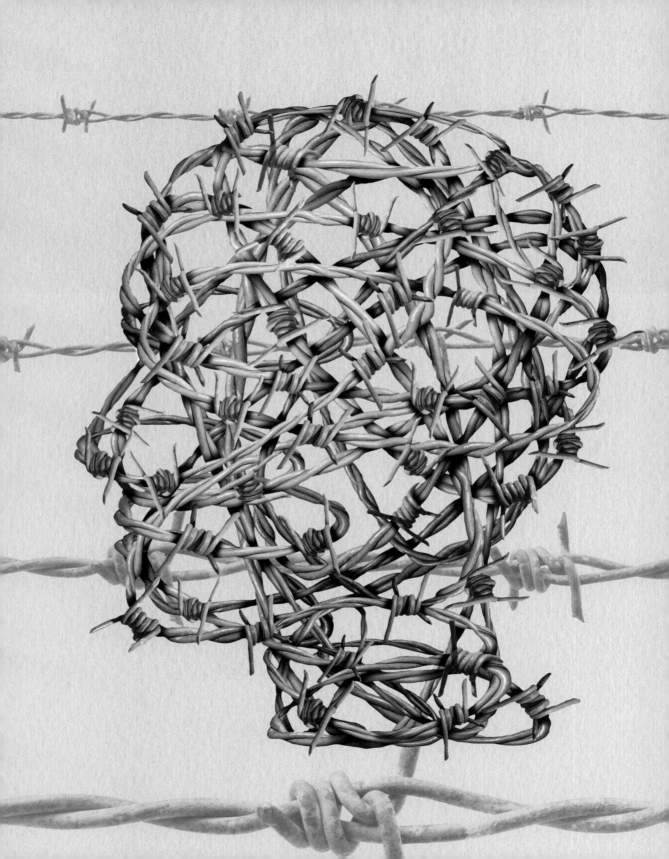

第十章
CHAPTER 10

陷入痛苦的脑
BRAINS IN DISTRESS

诊断上的挑战

> "你难道不能诊治那种病态的心理，从记忆中拔去一桩根深蒂固的忧郁，拭掉那写在脑筋上的烦恼，用一种使人忘却一切的甘美的药剂，把那堆满在胸间、重压在心头的积毒扫除干净吗？"
>
> （摘录自《麦克白》莎士比亚著，朱生豪译）

莎士比亚借麦克白之口所说出的话，有一种现代意义。然而，即使认识到陷入痛苦的脑会导致人类遭受苦难，依然无法帮助我们对此有深入的理解。研究已经揭示出许多脑运作的情况。然而，使精神健康的临床方法与当代神经科学之间是脱节的，当代神经科学主要是为未来提供希望的。

在细胞和突触层面上对脑进行的研究已经取得了巨大的成果，但仍然很难将脑与情绪、感知和行为的改变，以及意识等高层次的现象联系起来。这些就是我们在精神疾病的治疗方面试图达到的目标，而这在很大程度上仍然依赖深思熟虑的医生的最佳猜测，而不是任何更科学的东西。

神经科学在阐释某些疾病的化学治疗方法如何影响神经元这方面，发挥了重要作用。这一阐释（主要涉及神经递质）使一些药物的使用（它们的效果往往是被偶然发现的）更容易被证明是合理的，并且还有助于改善其他药物，但仍不能完全解释它们为什么会起作用。

定义"正常"

以上我所描述的脱节在诊断中尤其明显。美国精神病学会第五版的《精神疾病诊断与统计手册》（*Diagnostic and Statistical Manual of Mental Disorders of The American Psychiatric Association*）长达1000页，涵盖150多种不同的疾病。这是

一份令人印象深刻的疾病目录，但是对疾病的诊断主要是在检查清单的指导下做出的，而不是依据直接从脑中检测到某种东西做出的。大多数疾病是由人们的行为方式，或他们所诉说的感觉来定义的，几乎没有其他可测量的指标。此外，对于任何给定的症状，通常都会有一些没有这种症状的人仍被诊断患有这种疾病，以及一些有这种症状的人却被认为没有患上这种疾病。科学精神病学经过了一个世纪或更长时间的发展，而精神疾病或精神障碍仍然是高度可商议的。最近关于某些诊断的争论表明，这种商议的进行有时取决于什么被视为"正常"，以及其他人如何处理其中的差异。

▼ 霍加斯（Hogarth）画出18世纪的伦敦疯人院以来，精神疾病的治疗已经取得了不可估量的进步，但对其的诊断仍然存在问题。

从机缘巧合到5-羟色胺

1952年，一种在美国结核病患者身上使用的实验性药物产生了令人意想不到的效果。这是一种被称为异丙烟肼（iproniazid）的候选抗组胺药物，它对患者的病情没有多大作用，但可使极度沮丧的患者变得开心起来。

后来的研究表明，这种药物抑制了一种被叫作单胺氧化酶（monoamine oxidase）的物质。这种酶能分解一些充当神经递质的简单分子，包括多巴胺和5-羟色胺。随后它作为一种抗抑郁药被推向了市场。同一类别的改良版药物——单胺氧化酶抑制剂（Monoamine Oxidase Inhibitor，简称MAOI），则在20世纪六七十年代得到了广泛使用。它们的出现标志着英国精神病学家戴维·希利（David Healy）

所说的抗抑郁药物时代的到来。

使用这种作用于神经递质水平的药物（它增加了神经递质的可用性）似乎为治疗精神疾病提供了一种科学的方法。化学疗法不仅使医生和患者信服我们现在认为理所当然的假设——精神疾病有着生物学基础，而且为进一步研究精神疾病的原因和后果，以及如何治疗提供了方向。

▶ 治疗主要精神疾病的药物是现代制药工业的一个主要支柱。

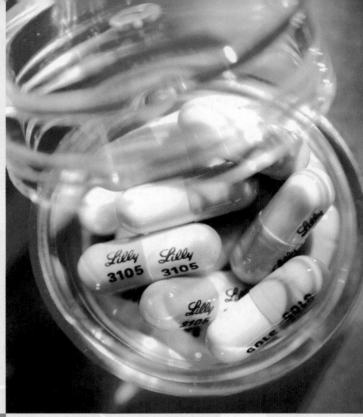

治疗往往走在科学的前面。制药公司的大力宣传可能会鼓励这一点。由于严重的精神疾病使人衰弱，有时甚至危及生命，因此医生不能等到对所发生的事有了科学全面的理解后再进行治疗。也因此，医生对病人的治疗是以一种来来回回的方式不断发展的，而研究人员也在对为什么某些特定的东西可能会起作用逐渐建立起

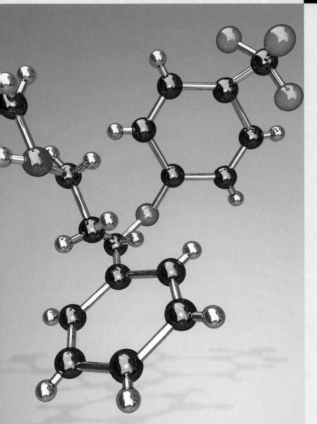

◀ 氟西汀（Fluoxetine）在20世纪80年代开始被作为一种抗抑郁药物使用，它能提高5-羟色胺水平。

理论。精神药物的发展历史是一团乱麻，其中有偶然的发现，也有关于精神药物（确实带来了改善的那些药物）起作用的貌似合理的观点，即使有些观点后来被发现是错误的。

5-羟色胺在这段历史中非常重要，但随着不同研究方向的展开，它的意义也发生了变化。新一代抗抑郁药物——选择性5-羟色胺再摄取抑制剂（Selective Serotonin Reuptake Inhibitor，简称SSRI），通过阻断将5-羟色胺从突触间隙移除的转运体，来增加这种特殊神经递质的可用性。这避免了单胺氧化酶抑制剂对不同神经递质水平产生的混合影响（以及副作用）。

早期的SSRI类药物，如1987年推出的百忧解（prozac），对一些重症患者产生了惊人的疗效。在某些人看来，5-羟色胺是让人产生满足感的关键，百忧解可能是一种任何人服用了都会感觉"好得多了"的药物。

然而，我们很难找到令人信服的神经科学理论来支持这一观点，厘清5-羟色胺作用的研究人员也被大量相互矛盾的研究结果搞糊涂了。首先，SSRI类药物只影响一种神经递质，但其单一分子有很多作用，这些作用至少通过7个不同的受体家族和许多受体亚型而产生。

另一个挑战是解释为什么神经递质和它们的转运体在分子水平上的参与非常迅速，而抑郁症症状通常在服药后几个星期内都不会缓解。

用SSRI类药物治疗焦虑障碍时，情况亦如此。研究结果表明，SSRI类药物虽然帮助了一些有焦虑障碍的人，缓解了恐慌等症状，但是会发生跟治疗抑郁症时一样的滞后。相反，若用苯二氮䓬类药物来治疗，则没有发生滞后。苯二氮䓬类药物能增强γ-氨基丁酸的作用，而γ-氨基丁酸是一种抑制性神经递质，因此产生快速的抑制效应是有道理的。SSRI类药物的作用就很令人费解。

◀ 过分注重清洁常常是强迫症的症状之一。

▼ 一名艺术家对一种抑制性药物的印象。这种药物会阻断5-羟色胺从突触释放后的再摄取（图的顶部）。

DNA中的焦虑

对焦虑障碍和5-羟色胺的进一步研究表明,当研究人员探究特定疾病的细节时,神经科学倾向于揭示多重因果关系的复杂性及作用的微妙变化。

将焦虑理论化的整体框架建立在目前关于脑对压力反应的理解基础上。这涉及一系列激素,首先是释放促肾上腺皮质激素释放素,它是由下丘脑中特殊的神经元产生的。脑垂体接收到这种释放素,然后释放出促肾上腺皮质激素。促肾上腺皮质激素反过来会刺激肾脏上方的肾上腺释放类固醇激素——皮质醇。最后一种激素的分子具有许多与压力和对威胁的反应相关的生理效应。不过,这些激素都始于脑。最初的神经元分泌是由杏仁核与海马区中已被确认的脑回路所调控的,其中海马区本身在其中一个反馈回路里也会对皮质醇做出反应。

那么,5-羟色胺是如何融入这个显然

◀ 焦虑障碍可能会在家族中传递,这为相关理论提供了支持,即焦虑障碍受到与神经递质传输有关的基因改变的影响。

已经被人们充分理解的系统的呢？人们对此还不太清楚。曾经，焦虑障碍往往在家族中遗传这一事实是与关于5-羟色胺转运体基因突变的研究结果相一致的。在21世纪初，两个来自不同的、都具有高强迫症发病率的家庭的患者被发现都有一对基因突变。这两种突变都会使转运体更活跃。转运体与神经递质在突触释放后的再摄取有关，这就意味着这种重要的化学信使（神经递质）在这些人的体内不那么活跃。

这是在相对简单的基因突变和行为之间发现的最强有力的联系之一，但它只影响了少数一些人。然而，我们现在知道，这种突变并非仅由父母传给孩子。除遗传的序列突变外，DNA中还有其他的改变，被称为表观遗传变异（epigenetic variation）。这些表观遗传变异通常通过添加一个小的额外单元（甲基）来修饰DNA链中的一个化学单位。这些添加会影响酶是否能够附着在DNA链上，从而帮助调节基因活性。

2014年，杜克大学的一组研究人员记

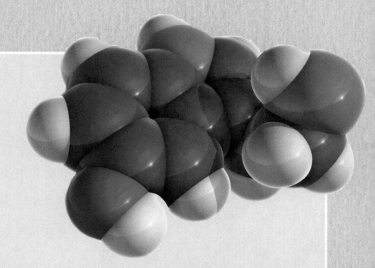

▲ 5-羟色胺是一种简单的神经递质，可以刺激脑中许多不同的受体。

录了80名大学生唾液中5-羟色胺转运体基因甲基化的细微差异。研究人员一边让受试者观看恐惧或愤怒的脸，一边对其脑部进行扫描。研究人员发现，甲基化程度的提高伴随着"与威胁相关的杏仁核活动的增加"。

在这个研究中，基因的细微改变降低了转运体的活性，而这只是这项研究提出的诸多问题中的一个。表观遗传变异作为某种对基因的注释，通常被认为是对个体生活中环境影响的一种反应。该研究表明表观遗传变异可以与脑中的效应联系起来，还强调了有许多变量都可以影响脑中各部分的组织方式。

针对抑郁症的直接行动?

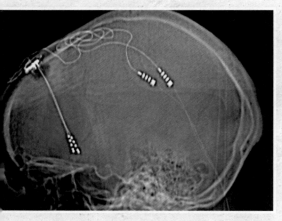

▲ 一个X射线图，显示出了用于脑深部电刺激的电极。

药物和谈话疗法可能会帮助到抑郁症患者，但我们并不完全清楚它们是如何起作用的。在非常严重的情况下，电击疗法仍在被使用（见第九章）。然而，神经科学能更直接地帮助治疗抑郁症吗?

有迹象表明，这是可能的。20世纪90年代以来，影像学研究一直试图绘制一幅关于抑郁症患者脑活动差异的图景，只是相关进展较为缓慢。与一般的扫描发现一样，许多研究都是小规模的，这降低了它们的可靠性，而且它们常常产生其他人无法重复的结果。在抑郁症方面，迄今为止规模最大的荟萃分析（meta-analysis）（将许多研究的数据整合到一起，得出更可靠的统计结果）发现，抑郁症患者脑活动扫描结果和其他人的基本没有差异。

然而，抑郁症可能给脑标记出了一系列不同的通路，这些通路有不同的起点和终点。通过脑部扫描逐渐积累起来的证据使得一些研究人员相信，不同症状群的脑活动模式间存在着有用的细分差别。

21世纪初，美国埃默里大学（Emory University）的海伦·梅伯格（Helen May-

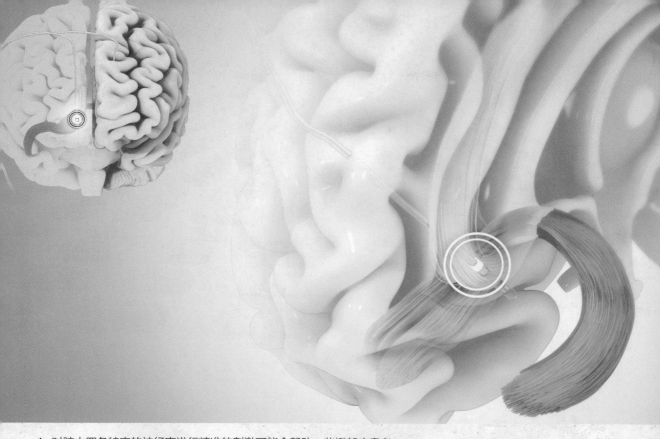

▲ 对脑中四条特定的神经束进行精准的刺激可能会帮助一些抑郁症患者。

berg）提出，正电子发射计算机断层成像和功能磁共振成像指向大脑皮质的一个区域——胼胝体下的扣带区域，也被称为布罗德曼25区。它在"抑郁回路"中起着至关重要的作用。当治疗方法起作用时，这个区域似乎在以类似的方式发生变化，而对于那些症状没有改善的患者，其脑中的这一区域则未发生变化。

这促使人们将这一区域作为目标去治疗那些对现有疗法没有反应的严重抑郁症患者。其逻辑与电休克疗法相似，但需要一些更精细的东西，所以通过在这个区域植入电极来进行脑深部电刺激的实验才刚刚开始。

早期的结果显示，一些顽固性抑郁症患者的病情有所改善。2013年，采用植入物治疗抑郁症的临床实验被叫停，关于叫停原因的报告相互矛盾，但埃默里大学的研究工作仍在继续。

分心之过

　　我们的感官是为了突出差异而演化的，当一个新的刺激出现时，我们的注意力便会跳跃过去，也许这是为了让我们做好战斗或逃跑的准备。然而，我们不得不长时间集中注意力去做许多复杂的事情。我们都会挣扎于集中注意力和分心之间的平衡。若在挣扎中总是败给分心，则会被归为一类医学问题。

　　注意缺陷多动障碍（ADHD，又称儿童多动症）可能是精神病学中最具争议的疾病。虽然它被广泛地诊断出来，但仍有人声称：尽管ADHD在所有正式的精神疾病分类中都有记载，但它实际上并不存在。

　　在过去的几十年里，越来越多的学生被诊断出患有ADHD，在美国的一些地方，ADHD的发病率甚至接近10%。这些儿童中有许多已经接受了兴奋性药物（如哌甲酯或安非他命）的治疗，也接受了非药物治疗。有些人认为，这是一种让人警惕的对无序行为无法容忍的迹象；另一些人则认为，这是一个受欢迎的迹象，表明过去在应对社会期望和要求方面得不到帮助的儿童，受到了认真对待。

争论持续的部分原因是，ADHD和其他精神疾病一样，是通过一个行为检查表而非任何客观的测试来诊断的。ADHD患者的行为只是在程度上（而不是在种类上）与其他人的行为有所不同，因而对其诊断也只是一个关于判断的问题。确实很容易看出来，有严重注意力问题的人需要帮助。但是，治疗应该进行到什么程度？长期用药的费用是多少呢？

像往常一样，神经科学在这里的作用

▼ 孩子们容易分心也是他们的可爱之处。那么，这在什么时候会成为一个问题呢？

是努力弄清楚这种疾病的潜在机理，如果有必要的话，也要弄清楚如何治疗，以及治疗是如何起作用的。

许多相关研究都集中在多巴胺上。所使用的药物似乎是有帮助的。我们知道，这些药物作用于神经传递，会提高突触中的多巴胺水平。但是，要得到ADHD患者的多巴胺水平或多巴胺转运体活动的一致结果，被证明是很困难的。"其关键区域中多巴胺受体可能很少"这一说法也很难得到证实。

最近的研究聚焦于前额叶皮质的部分区域，ADHD患者的这部分区域中的灰质可能更少。也有证据表明，针对那些在集中注意力任务里表现不佳的受试者，哌甲酯提高了他们大脑半球深处一个被称为尾状核的区域原本较低的多巴胺水平。然而，这一结果对ADHD患者以及对照组都适用，这就很难简单地认为是多巴胺的短缺导致了ADHD。

对ADHD的研究不光局限于研究脑扫描结果，还有其他领域的研究也提示有某些神经递质在特定脑区有所影响，并且遗传研究也发现了影响ADHD患病概率

▼ 图像来自一个用PET扫描探索ADHD患者多巴胺水平的研究。

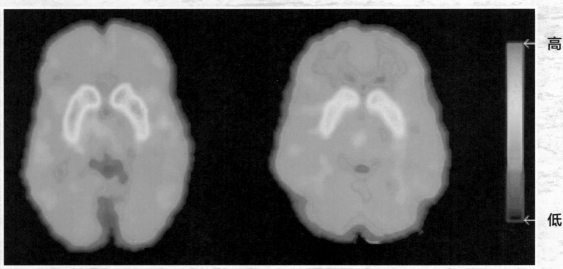

高

低

对照受试者　　　　　　　　多动症受试者

▲ 成人一对一治疗是治疗ADHD的另一种疗法。

的基因变异等。随着多个研究方向的发展，ADHD很可能会成为又一种由一系列复杂诱因以不同的组合方式造成脑发育差异的疾病，而这些脑发育差异在表面上以相似的方式表现出来。与此同时，其他研究人员正在对药物治疗和其他帮助治疗儿童和青少年ADHD的方法进行精细比较，并对长期药物治疗的效果进行评估，以及对ADHD儿童成年后的情况进行评估。

差异、损伤及多样性

一种差异什么时候会变成一种障碍呢？如果问题出现在脑中，那么表现出差异的人可能对此有自己的看法。

关于孤独症的研究表明，这个问题既能够成为一个社会问题，又能够成为生物医学研究的指南。长期以来，孤独症被定义为一种严重的发育和行为障碍，会干扰语言使用和社会互动。它具有很强的遗传性，牵扯到很多基因。其他的影响也很重要，而且和ADHD一样，多种可能的原因都可能导致表面上相似的结果。神经科学

已经对孤独症的重要特征与脑发育、脑活动之间的关系提出了许多可能性，比如脑扫描结果揭示出孤独症患者在看到人脸或者听到话语时的脑活动与健康对照者之间的差异。一些人仍然希望能够为这种疾病（在最糟糕的情况下可能导致严重的能力丧失）找到一种治愈的方法。

现在，人们已经认识到，这些病例位

◀ 有助于诊断孤独症的评估中的一部分。

▲ 坦普尔·葛兰汀与公众见面，不过她的工作依赖她对动物异乎寻常的喜爱。

于一个广泛谱系的一端，正如史蒂夫·希尔伯曼（Steve Silberman）在他的《神经部落》（NeuroTribes）一书中所述，孤独症和阿斯伯格综合征（Asperger's syndrome）曾经被视为截然不同的疾病，而如今，二者均被纳入了孤独症谱系障碍（Autism Spectrum Disorder，简称ASD）这一复合体中。

这个谱系包括那些症状相对轻微的患者，以及高功能孤独症患者。这些高功能孤独症患者需要通过学习来应对社交互动，而对其他人来说，社交互动是可以自动应对的。这一点，再加上人们认识到与孤独症相关的一些行为特征相对普遍，促使孤独症活动家们提出，尽管ASD多种多样，但它本身就是神经多样性的一个例子。

他们的看法是，大家的脑总体上是相似的，但可能会沿着不同的轨迹发展。一名个体的神经系统可能会发育正常，也可能会最终形成许多截然不同的神经结构中的一种——这可能不一定是个问题。有些孤独症患者需要被特殊对待，尤其是允许他们避免社交或感觉过载，这样之后他们就可以做得很好。有些孤独症患者会发展出特殊的才能，比如患有孤独症的科学家坦普尔·葛兰汀（Temple Grandin），她是家畜行为方面的专家，她将自己的洞察力归因为她比其他人更适应视觉思维。

她的生活为"差异并不意味着缺陷"这一看法提供了有力的支持，有助

◄ 人类的社会生活极其复杂。不同的脑可能用不同方式来处理它。

于鼓励其他人进一步发展神经多样性的观点，并促使他们宣称ADHD、阅读障碍、抽动秽语综合征（Gilles de la Tourette syndrome），甚至精神分裂症，都是脑不同变化的例子。

这是否过度地扩展了这一有用的想法？关于ADHD存在着争议，因为对这一疾病的诊断似乎取决于患者是否会花更多的时间去做每个人几乎都在做的事情。

另一方面，精神分裂症是一种破坏性的疾病，会永久性地扰乱患者的生活。只不过其中一些常见症状（如凭空听到说话声）可以是正常的脑和精神也会遇到的事情。

有两个普遍的科学论据可能支持了神经多样性。在一大群脑中保有一系列不同的能力可能具有演化上的优势。"脑的大部分是以一种模块化的方式组织起来的"这一观点认为，不同的模块可能在不同的人身上有着更多或更少的发展，从而造成差异。

未来神经科学的一项任务是更深入地研究人的不同类型的范围可能有多广——这是一个到目前为止主要由心理学家和小说家来思考的问题，而他们关于不同类型的清单仍然相当有限。

听到说话声

1987年，荷兰精神病学家马里厄斯·罗姆（Marius Romme）要求电视观众写信来说说他们是否凭空听到过别人说话的声音，这是精神分裂症的一个诊断标准。他收到了700个人的来信，这些人描述了由他们的脑凭空产生的听觉输入。他很惊讶地发现，其中的500个人在应对这种情况方面毫无问题，而且他们从来都不是精神病患者。

他意识到这些说话声通常是有含义的，而且那些听到令人不安的说话声的人，通常是在经历过一些创伤（比如童年受虐或近亲死亡）之后才开始听到这些说话声的。这一看法，加上来自其他文化的证据（在这些文化中，人们不认为听到说话声是一种反常现象），促进了"听声网络"（hearing voices network）的建立。该网络的组织团队遍布30多个国家和地区，鼓励人们谈论他们所听到的说话声以及这些声音说了些什么，而不会去暗示他们生病了。

他们的工作并不能代替对重病患者的医疗护理，但可以给某些特殊人群提供应对策略，比如去和发出命令的说话声进行协商。

应对痴呆

　　当脑因受损而出现功能衰退时，"失去理智"这个日常短语就会变成残酷的现实。导致痴呆的退行性病变通常是不可逆的，且常常是渐进式的，它可能由多种原因引起，如遗传性亨廷顿病（Huntington's Disease，简称HD）及多次轻微卒中。

▲ 在某些情况下，衰老可能会导致令人恐惧的个体身份感的丧失。

　　最常见的痴呆原因是阿尔茨海默病（Alzheimer's disease，简称AD）。阿尔茨海默病与精神疾病形成了鲜明的对比，因为它可以从明确的生物学迹象中被诊断出来——尽管通常不是在患者活着的时候。有研究显示，未来会有越来越多的人患上阿尔茨海默病。对脑组织的变化进行更详细的解剖，能否帮助预防或减轻那些影响越来越多老年人的症状呢？这些症状包括失忆、思维混乱，以及性格的剧烈变化。

　　尽管我们对脑有了各种新的见解，但它们在关于阿尔茨海默病方面的回报仍未出现。据我们所知，该病的原因并不细微难辨。一种小的蛋白质团块（β-淀粉样蛋白斑块）在神经元之间堆积，此外还有如tan蛋白这样的蛋白质形成的缠结出现在神经元内部。神经元因此死去，而且脑也会萎缩。还有许多其他更细微的变化，但异常的蛋白质团块可能是这种疾病的根源。最可能的猜测是，当蛋白质呈现出一种不寻常的形态时，它与其他蛋白质的相互作用便会发生变化，于是就形成了所见的这些缠结或团块。它们纠缠在一起，抵抗住了细胞的常规垃圾处理。类似的情况在亨廷顿病的晚期、牛海绵状脑病（疯牛病）中也可以看到。

这一猜测也符合影响阿尔茨海默病患病风险的几种已知基因变异中的一种。淀粉样前体蛋白（Amyloid Precursor Protein，简称APP）基因的改变可能导致早发性阿尔茨海默病，大概是因为它们让被改变的蛋白质形态更有可能存在，或让这种形态更稳定。

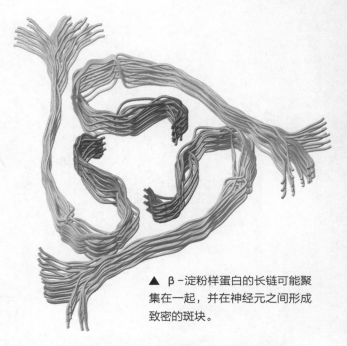

▲ β-淀粉样蛋白的长链可能聚集在一起，并在神经元之间形成致密的斑块。

研究的主要目标是找到清除造成损害的蛋白质垃圾的方法，但我们还不知道怎样去做。与此同时，对抗阿尔茨海默病的药物会提高神经递质水平，因此能让剩余的神经元更有效地交流，但其效果并不明显，而且只能持续一小段时间。

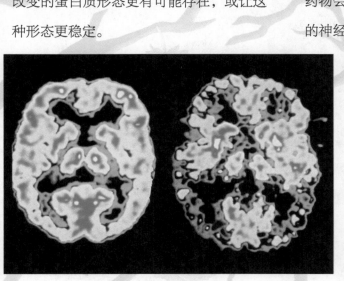

◀ 左侧为一个正常脑的扫描图，而右侧图则显示出阿尔茨海默病晚期患者的脑组织缺失。

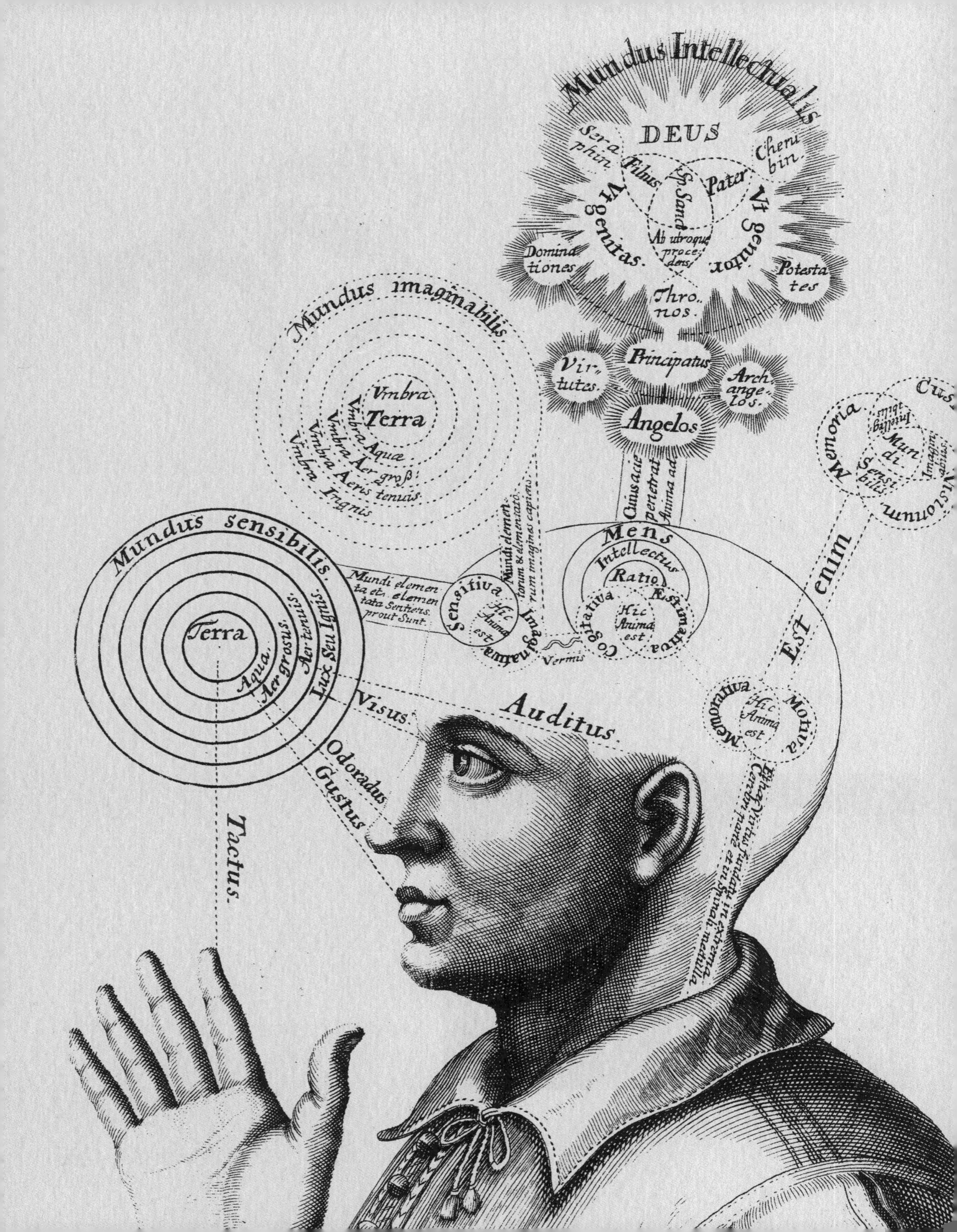
Mundus Intellectualis
DEUS
Sera phin
Cheru bin
Filius
Pater
Sp. Sanct
Ab utroque procedens
Dominationes
Potestates
Thronos
Virtutes
Principatus
Archangelos
Angelos
Mundus imaginabilis
Vmbra Terra
Vmbra Aquæ
Vmbra Aer groß
Vmbra Aeris tenuis
Vmbra Ignis
Mundus sensibilis
Terra
Aqua
Aer grosus
Aer tenuis
Lux Seu Ignis
Mundi elementa et elementata Sentiens prout Sunt
Sensitiva
Hic Anima est
Imaginativa
Vermis
Mens
Intellectus
Ratio
Æstimativa
Cogitativa
Hic Anima est
Memorativa
Motiva
Hic Anima est
Est enim
Memoria
Visionum
Visus
Auditus
Odoradus
Gustus
Tactus

第十一章 11

科学自拍照

SELFIE SCIENCE

了解自己

想要更好地了解自己是神经科学的强大驱动力。我们的"自我感"部分来自具身化，但它是由脑维系在一起的。考虑一下器官移植，接受者通常会受益。但是脑移植呢？你肯定想做那个捐献者。

我们每个人是如何感觉到自己是一个人，拥有跨越一生的历史和身份的呢？神经科学赞同弗洛伊德的观点，即构成自我的东西在很大程度上是无意识的。脑无须让我们意识到它所做的大部分事情。事实上，意识（相当于神经"蛋糕"上的一种"糖衣"）在过去并不是一个可敬的科学话题。大多数人假定它来自神经事件，只是我们还得做大量的工作，而不是闯入哲学家的地盘去推测一些脑是怎样变得有意识的。

研究人员现在对意识和无意识过程的神经相关物很感兴趣。这种兴趣涵盖了基本意识状态之间的差异（比如醒着或睡着），以及注意力和意识的机制。它还

▲ 西格蒙德·弗洛伊德（Sigmund Freud）强调，我们的精神所做的很多事情都是无意识的。

延展到对我们每个人都拥有的，能够产生一个整合的、有意识的自我感的脑区的定位。

这方面的研究内容相当丰富，并且揭示了可以操纵意识的各种方式。我们距离理解意识的起源，或距离理解"自我感"是如何维系的有多近呢？这仍在热烈讨论中。

笛卡尔剧场

哲学家丹尼尔·丹尼特（Daniel Dennett）对脑是如何"不"工作的有着自己的看法。他在《意识的解释》（*Consciousness Explained*）一书中说，许多关于意识的描述都假设脑中有某种虚拟的投影屏幕——在那里，依次出现的感觉加起来构成了我们的意识流。他指出，这些假设的明显缺陷是没有一个人在观看屏幕。

他将这一观点称为笛卡尔剧场（Cartesian theatre），暗示这是17世纪笛卡尔（Descartes）"精神与脑分离"二元论的延续。

▲ 丹尼尔·丹尼特。

意识所在之处?

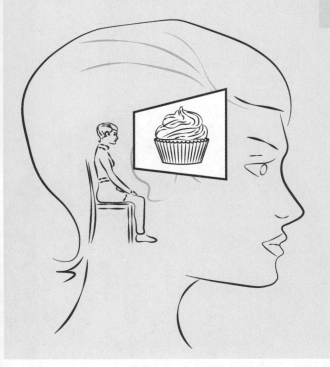

注意!

要意识到某件事物，简单来说，首先需要把它从持续到达感官的信息中挑出来。这是威廉·詹姆斯所说的这个世界的"嘈杂喧嚣的混沌"的"解药"。

人们对注意的机制已经进行了深入的研究，这些研究主要是针对视觉系统的。巧妙的心理学实验，结合来

▼ 视觉感受器覆盖在视网膜上，且聚集在中央区域。

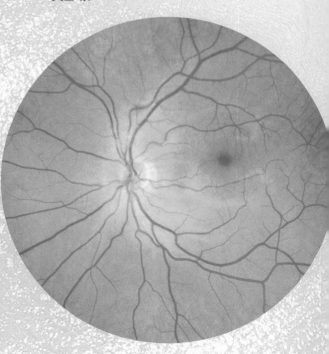

自关键脑区的电记录，已经确定了视觉注意工作机制的一些重要特征。

眼睛会快速将视网膜中央的小块区域——中央凹，与感兴趣的一个物体对齐。中央凹那里细胞密集，有着最敏锐的视觉。虽然我们的眼睛一直在做微小的移动，即眼跳，但我们也能有意地移动它们。如果你专注于个人经历的细节，你就会意识到，我们对其他人的注视方向有很多信息解读。

但视觉注意与眼球运动是分开的。20世纪七八十年代的实验证实，脑中有一个"聚光灯"，会将注意引向视野的一个特定的小部分，而不受中央凹指向的限制。实际上，这是一个有点误导人的比喻，因为它暗示着有一束光突出了细节，而不是对传入信息进行了选择，尽管如此，它还是受到了研究人员的欢迎。

在一个典型的实验中，人们在看到一束光前，如果有一个简单的视觉线索，如一个箭头，指明光将出现在哪里，那么人们按下按钮的速度会快50毫秒左右。

诀窍在于，使显示的线索接近光的出现处，以至于眼睛没有时间移动。不知为何，在眼睛保持静止的时候，注意却会转移，或至少是开始转移。很难解释在没有脑处理不断变化的视觉输入的情况下，这一切是如何发生的。

虽然这只是注意的一个方面，但它解释了我们如何能够"用眼的余光"观察某物或某人。我们在把目光投向此处的同时，也把那束"聚光灯"移开了，所以我们的观察是有伪装性的。

▶ 时刻关注正确的信息有助于我们在瞬息万变的环境中生存。

将现实合并在一起

有关视觉注意的研究提醒我们，脑的运作方式是将作为感觉信息的世界拆解成许多更小的部分，并分别处理它们。然后，视觉系统需要将人们眼前的东西重新组合成一个整体——这个过程还没有被很好地理解（见第五章）。

同样，无论负责意识的是什么，它都需要拼凑出对于脑的主人所处环境的一个整体感觉。在视觉中，这被称为绑定问题（binding problem），而当我们需要将来自许多不同过程的表征整合起来时，它呈现出了新的维度。

视觉系统提供给脑对某个场景的构造，而不是显示出那里的"真实"样子。类似的是，我们的意识中充满了审慎的编辑、丰富的点连接，以及伪装成强有力的推论的假设。我们并不清楚这一切是如何运作的，但有大量的证据表明它确实发生了。

举两个不同复杂程度的例子。视觉注意与我们眼睛所做的持续快速的运动（大约每秒3次，每天15万次）密切相关。然而，我们可以观察运动中的物体，而对引导眼睛的跟踪机制完全没有意识（或像这样轻松地阅读一行文字，而忽略了眼睛沿着文字跳跃的方式）。脑同时指挥着这些身体最快的肌肉运动，并且还从意识中"屏蔽"了它们。

◀ 我们一眼就"看到了一个场景"，但是脑是先将它分解开来，然后重新组装起来的。

卡普格拉综合征

表明意识是部分虚构的一个更生动的例子是一种罕见的精神病——卡普格拉综合征（Capgras Syndrome，又被称为"冒充者综合征"）。患有这种病的人无法认出亲人、朋友（或一只宠物）。这超越了简单的视觉再认。对面孔失认症患者来说，他们只是不能识别脸；而卡普格拉综合征患者会认出这张熟悉的脸，只不过认为这张脸的主人（通常是与自己关系亲密的人，如父母、配偶或子女）已经被替代，现在的亲人都是其他人伪装的——因为这张脸没有带给他们已经熟悉的情绪反应，也许这是一种神经退行性疾病。

脸的身份和脸带来的情绪这两种信息在正常情况下是同时被输入脑中的，但如果这二者有所分离，就会让人感到困惑和苦恼。卡普格拉综合征患者坚持认为当事人是一个冒名顶替者，甚至可能是一个机器人取代了那个真正重要的人。面对令人困惑的信息，脑会编出一个故事，然后这个故事会变成一个不可动摇的信念。

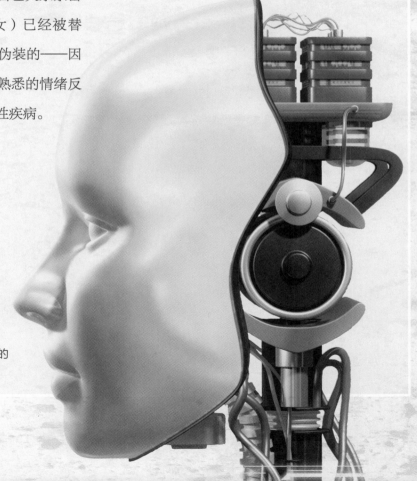

▶ 有的时候一个机器人真的是一个机器人。

酣然睡去，偶尔做梦

在神经科学中，睡眠是令人着迷的，因为在睡眠中，很多正常活动都暂停了。这是脑日常工作的一个重要组成部分。我们不知道为什么，但目前的理论认为这是因为它有助于记忆的巩固。

同时，它也让人可以进行一些针对意识的研究。我们在睡着的时候会做梦。它们是在感觉输入被抑制时，在脑的内部如变戏法般被"变"出来的。

大多数人都听说过，当生动的梦发生时，人会进入快速眼动（Rapid Eye Movement，简称REM）睡眠阶段（尽管

梦也可能发生在非快速眼动睡眠阶段）。这些睡眠阶段的脑电图轨迹与人们清醒时的脑电图轨迹相似。

对梦的研究可以通过把正做脑电图的人叫醒，问他是否在做梦来进行。通过这种方式，研究人员发现做梦伴随一部分后部大脑皮质的激活，而且脑波从慢波周期

▼ 这名受试者正处于睡眠状态，但脑电图显示他的脑并没有停止活动。

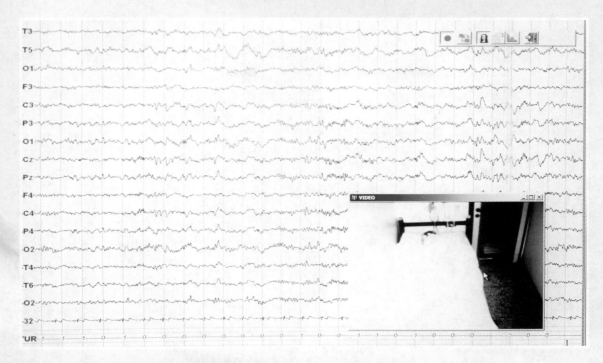

▲ 跟踪脑电图的轨迹可以预测一名睡眠者什么时候做梦，甚至可以提供关于他所做梦的类型的信息。

转变为更快的周期，这些变化让研究人员可以通过脑电图的显示就推断出他什么时候在做梦。

研究发现，人脑的特定区域的脑电图轨迹变化与梦的特征有关——这些特征包括看到面孔、体验到运动，或听到声音。这些脑电图的轨迹变化与受试者在清醒的状态下经历同样的事情时脑电图的轨迹变化是一样的。

这些最近的发现与哈佛大学睡眠专家艾伦·霍布森（Allan Hobson）提出的一个理论相当吻合。他认为做梦是一种"原型意识"状态：做梦时，脑会变出世界的虚拟现实模型。霍布森认为，这是对意识的某种预演。做梦的脑针对整个意识所依赖的系统的整合进行了彩排，但它使用的是自我产生的输入，而不用承担在清醒生活中感觉加工和记忆检索的负担。

霍布森的理论有很多的细节，但他的核心主张是，清醒的意识和睡眠时的脑激活有着密切关联。

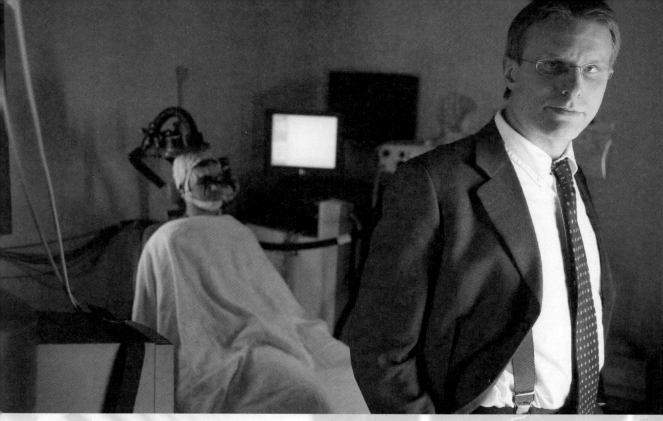

▲ 朱利奥·托诺尼。

意识: 有多少?

如果意识是一样东西,那么科学就想要测量它。就目前的情况来看,有一种方法看起来是可行的。

扰动复杂性指数(Perturbational Complexity Index,简称PCI)在一定程度上是对朱利奥·托诺尼(Giulio Tononi)提出的广义的意识理论的一种测试。他提出,当信息在脑的许多不同部分之间共享时,意识就会出现,并可以通过评估脑的各个区域整合了多少信息来测量它。

2013年,米兰大学(University of Milan)的一个团队接受了他的提议,并进行了进一步的研究。他们使用短脉冲经颅磁刺激给神经正在进行的加工一个刺激,然后在接下来的300毫秒内,通过60通道脑电图记录整个脑的活动。

他们遵循一个复杂的流程对这些信号进行处理和分析，从而得出一个指数，即扰动复杂性指数，该指数又被定义为"皮质激活的时空模式的标准化Lempel-Ziv复杂度"。

我们可以根据这个指数是如何改变的来评估它的重要性。在一系列的实验中，它能够可靠地区分受试者是醒着的、在做梦的、处于深度睡眠的，还是被逐渐增强的麻醉剂镇静的。如你预料的那样，这些状态是按照指数从高到低排序的。最警觉的受试者的指数为0.67，清醒的受试者的最低指数为0.44。在被深度麻醉时，这一指数降至0.1～0.3。另一项研究则表明，在LSD的影响下，该指数会高于正常水平（见第九章）。

这确实表明，这种数学上精致复杂的方法，正在测量出一些与意识有关的重要东西，尽管是间接的且仍然比较粗糙。

除了理论上的兴趣，该指数还可以帮助评估昏迷中的人。同样的技术体现出，那些受伤严重且处于植物人状态的病人，与无意识昏迷的受试者处于同一水平。然而，一对闭锁综合征（lock-in syndrome）患者昏迷后的指数为0.5和0.6，这是一个强有力的指标，表明他们是有意识的，只是无法与人进行交流。

◀ 多通道脑电图通过这个贴合舒适的电极帽来记录信号。

意识的困难问题

对神经元活动模式的追踪，可以让我们知道脑的哪些部分对意识有所贡献。我们对意识在脑中是如何发生的尚不清楚，而且并非每个人都认为这是正确的探索途径。比如，物理学家罗杰·彭罗斯就提出，意识并非神经元活动模式，它取决于神经元的组成成分，即受量子力学效应影响的微管中复杂的蛋白质组织形式。不过，他在活跃的研究人员中几乎没有支持者，这些研究人员关注的是贯穿这本书的那种神经活动类型。

不过，研究人员普遍承认，意识的一个关键方面仍然超出了他们的实验范畴。它通常被称为意识的"困难问题"，这是哲学家大卫·查尔默斯（David Chalmers）在1995年提出的。假设你拼凑出了某人在看到一堵鲜红色的墙时完整的神经元信号活动，包括所有与注意、视觉加工、重新整合，以及对结

▲ 罗杰·彭罗斯爵士。

▼ 在细胞内部，微管提供了支架和运输连接，但是它们是否也与意识息息相关呢？

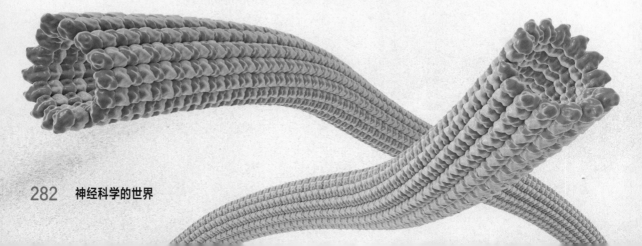

▶ 对于大多数人来说，红色是常见的。但是我们如何将我们的体验传达给有色盲问题的人呢？

果的感知相关的工作。查尔默斯说，这是一个（相对）容易的问题，或是原则上可以被解决的问题。然而，它仍然不能告诉你，有色盲问题的人看到红色是什么感觉。

这似乎是意识体验最令人困惑的特征：你无法告诉别人你的意识感觉是怎样的，除非他们已经知道了它是什么样子的。构成一个体验（比如看到红色）的感官要素被称为"感受质"（qualia）。这些感官要素本身就是一个事物。想想品酒笔记，最好年份的葡萄酒的每一个细微之处都与其他东西的味道或气味相比较。

语言是共用的，而且参考的系统也是循环的。

一些哲学家并不认可这个问题至关重要，他们相信，总有一天意识可以通过忽视它而得到解释。我认为，专注于简单的感觉会让它变得容易。我记得采访过一位杰出的数学家，他描述了自己是如何工作的。他说，当他努力的时候，他会通过整天把问题放在脑子里来解决这个问题。我明白他的话，但如果我试着把这些话和我自己并不丰富的数学经验联系起来，我就不太清楚他的意思了。

我们知道你知道

关于意识的第二个难题：人类的自我意识是为何出现的，又是如何演化的？

考古学家史蒂文·米森（Steven Mithen）在他所著的《心智的史前》（*Prehistory of the Mind*）一书中曾说，从早期原始人留下的痕迹来看，几乎没有迹象表明，他们能够结合不同的认知能力来制作工具、识别其他物种，或驾驭社会生活。对于米森来说，意识要允许可以跨越不同领域的通读能力。他同意英国心理学家尼古拉斯·汉弗莱（Nicholas Humphrey）和人类学家罗宾·邓巴（Robin Dunbar）的观点，即我们的这种自我意识可能是为了帮助我们应对在更大群体中生活的复杂性而出现的。

汉弗莱认为，我们知道自己的想法，因为这让我们能够想象别人脑海中的想法可能是什么，这是许多其他生物无法做到的。这种能力让我们能够预测其他人的行为，以及应对群体之间复杂的关系。邓巴认为，语言的首要好处就是加强个体间的紧密联系，而这在其他灵长类动物中是通

◀ 罗宾·邓巴。

▶ 尼古拉斯·汉弗莱。

▲ "八卦"是人类社会生活的基础，也是理解他人意图的基础。

过梳理毛发来实现的。我们可以通过"八卦"为更多的人"梳理毛发"，从而与更多熟人保持联系。

这种"知己知彼"的能力还以其他方式改变思维。这里的关键思想是哲学家们所说的意向性（intentionality）。如果我知道（或我认为我知道）你知道某事，那就涉及一个层次的意向性。黑猩猩可以做到这一点，而且有证据表明，它们有时可以延伸到第二个层次。但在我们和黑猩猩的共同祖先"分道扬镳"后，我们便演化出了可以"走"得更远的脑。完全清醒的人在状态好的时候可以掌握五个层次的意向性，而六个层次的意向性通常让人过于混乱。当我们试着去苦苦思考诸如"如果他们认为我们认为他们知道这一点，那么我们认为他们会想象我们这样做"之类的事情时，我们就面临着危险——我们的思想追踪意向性的能力"超载"了，尽管它是在一群神经元中被处理的。

其他心灵

其他人可能会欺骗我们，或让我们感到困惑。但是，当他们把想法和感受用语言表达出来时，我们就可以对成为另一个人是什么样的感受有个大致的了解。然而，其他生物又有什么样的想法呢？

这种问题可能只会出现在人类的脑海中。我估计，狗是不会烦恼于成为一只猫或一个人是什么感觉的。我们可以想象出狗生活的一些特征。它们对气味的专注，一定会给一个街景或公园带来一套与我们所注意到的不同的标记，相比而言，我们更依赖视觉。它们的感受质将会有所不同。

有些生物更加与众不同。哲学家托马斯·内格尔（Thomas Nagel）在一篇著名的论文中问道："做一只蝙蝠是什么样的感受？"蝙蝠关于世界的信息来自回声定位。它们分析复杂的超声波回声如此快速，以至于它们可以在满是蝙蝠的洞穴中捕捉到飞动着的昆虫。很难把它们与我们能感觉到的任何事物联系起来。正如内格尔所言，"任何一个在封闭的空间里与一只兴奋的蝙蝠待过一段时间的人都知道，遇到一种根本不同的生命形式是什么样的滋味。"

从神经学的角度来说，我们可以更进一步。蝙蝠毕竟还是哺乳动物。考虑一下章鱼。正如哲学家彼得·戈弗雷-史密斯（Peter Godfrey-Smith）在他的著作《其他

心灵》（*Other Minds*）中所述，它们非常聪明，那些与它们有过近距离接触的人报告说，他们在与一个知道他们在那里的实体交换眼神，甚至接触。

但是章鱼的心灵（如果可以用这个词的话）和我们的完全不同。头足类动物（章鱼、鱿鱼和墨鱼）以及其他具有复杂神经系统的生物最后的共同祖先生活在6亿年前。一只章鱼可以有5亿多个神经元，但它们大多数集中在它的触手上，它的触手上不仅有触觉感受器，还有味觉和嗅觉感受器。

在它生活的世界中，它自然而然地有着8条腿、蓝绿色的血液，以及可以瞬间改变颜色的色素细胞。这也让人不禁要问，章鱼又是怎么看待我们的呢？

第十二章 CHAPTER 12

未来的脑、未来的神经科学

FUTURE BRAINS, FUTURE NEUROSCIENCE

构建新脑

神经科学是一门年轻的学科。直到20世纪60年代，研究人员还满足于成为生理学家、心理学家、解剖学家，或脑科学家。1969年，美国神经科学学会（US Society for Neuroscience）成立时，拥有数百名会员。而现在，它的年度会议吸引了多达4万人。

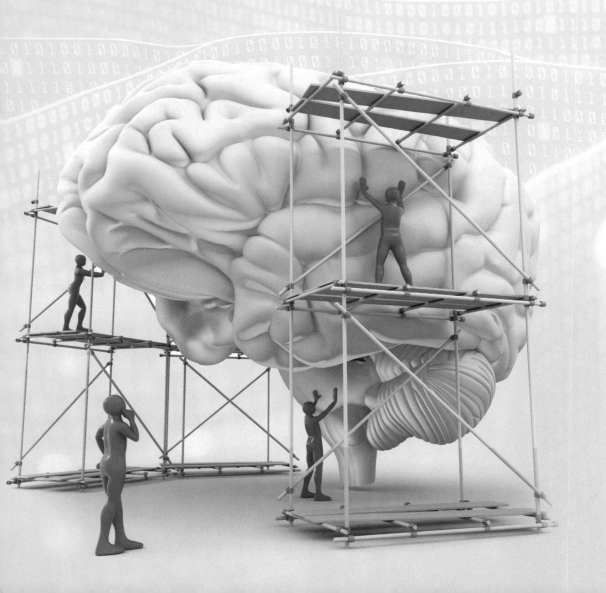

也就是说，神经科学只是刚刚开始而已。我在本书中曾试着回顾一些历史，但是目前大量的神经科学发现是较新的。在理解脑方面最令人印象深刻的成就可能存在于未来。

人类的脑在未来会发展成什么样子？对此有许多大胆的预测，然而，人们对这些预测是否会实现、多久会实现，依然有着大相径庭的看法。人类的脑的重要性使人们无法抗拒地去推测：我们可能修复它吗？我们能让它持续更长时间吗？我们能提升它吗？我们能制造出一个像它这样的东西来吗？

一个影响深远的想法是，计算机将超越我们的脑。最大胆的设想是通过与我们的技术相结合，上传我们的思想，使其虚拟地存在于一个陌生的新世界中。

在这里，我要冒着风险说，这不会很快发生，可能需要几个世纪，而不是几十年。然而，预测计算机科学技术与神经科学之间会有更强的互动似乎是合理的。

这种互动是双向的，甚至是循环的。有些人正努力在超级计算机中模拟生物脑。欧盟耗资数十亿欧元的"人脑计划"（human brain project）就是为了这个目标开始的，尽管它已经被证明是有争议的。神经科学的不同派别就这种模拟能够告诉我们什么，进行了激烈的争论。

这种模拟将依赖在数字计算机上运行某种软件。另一方面，有一些项目试图设计出遵循生物脑运作原理的计算机，也就是说，新的计算机要能够并行处理且打破存储器和处理器之间的分离，以及进行其他一些更激进的革新。也许有一天，这两条路线会走到一起，至少让脑和计算机能比现在更直接地进行对话。

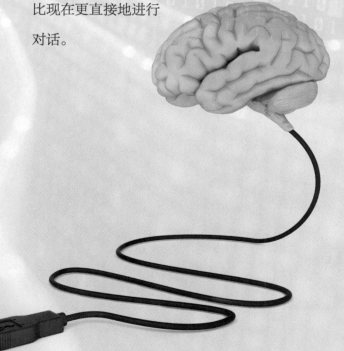

一只蠕虫的心智

如今的脑研究有着数十亿美元的预算，而且雄心勃勃，但是对脑研究的评估却很困难。例如，即使我们设法绘制出了整个人脑连接组的图谱（参见第一章），它能告诉我们什么呢？

▲ 西德尼·布伦纳凝视着蠕虫。

一个过去的、里程碑式的研究提供了一条线索。早在1963年，西德尼·布伦纳（Sydney Brenner）就选择了一种名叫秀丽隐杆线虫（Caenorhabditis elegans）的微小蠕虫来作为模式生物，在蓬勃发展的分子生物学与神经生物学之间架起了一座桥梁。他的计划是绘制一幅关于蠕虫基因、细胞等的完整图谱。

他确实完成了他的计划。现在，我们有了蠕虫的整个基因组，以及每个细胞的发育图谱。确切地说它并没有脑，但肯定有神经系统。这种蠕虫最常见的雌雄同体形态只有959个细胞，其中302个是神经元。

1984年，一项使用电子显微镜、手动追踪细胞连接，以及自我编程的计算机的艰苦工作，绘制出了一幅蠕虫的神经系统及其8000个突触的完整图谱。完整的参考

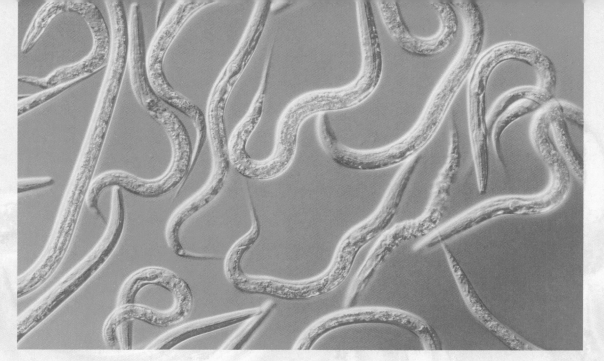

▲ 蠕虫仅凭几百个神经元就能存活，但预测它们的行为仍然具有挑战性。

版本占了《皇家学会哲学会刊》（*Philosophical Transactions of the Royal Society*）一次特别版整整340页篇幅。

但是然后呢？这对于该生物的整体是如何运作的几乎没提供什么直接的见解。确切地说，知道了这些连接仅仅能让研究人员设计出更好的实验来研究蠕虫对世界的反应。这个连接组产生了许多假说，但这些假说必须通过煞费苦心地改变系统、基因变异、移除细胞并检测其影响来被检验。

经过30年耗费了许多人心血的研究，我们才对蠕虫这种简单的生物如何感知它周围的环境和行为有了更多的了解，然而研究工作仍在继续。直到2012年，一个针对蠕虫雄性形态（这个形态有额外的81个神经元）的扩展的连接组才出现。即使在这么小的集合体中，也有超过100种不同种类的神经元。

总而言之，针对蠕虫的研究工作证明了一幅完整的连接图谱是个令人惊叹的东西，但它只是一个起点，而不是一个终点。同样的道理也会适用于更复杂生物的连接组，比如有着更复杂神经元的脊椎动物。

数据爆炸

"仅仅因为他们有许许多多的数据，就期望利用大数据的方法取得成功，就像把笔记本电脑的后盖取下来，盯着它的连接线就期望理解微软的Word软件是如何工作的。"

研究人员对人脑的考察会很快产生大的数字——数十亿个神经元、数万亿个突触。神经科学现在正生成更大的数字。它正在以一种"爆炸性"的速度来一直不断地积累数据。

这种"爆炸性"适用于成像技术所产生的数据，正如本书前面提到的，它将继续积累多达万亿字节（terabytes）的数据，但仍需要额外的数据。研究人员希望这些额外的数据能帮助他们加深对神经元网络是如何运作的理解。光遗传学可以打开和关闭神经元，而新的记录技术（在实验动物中可以一次体现出数百个甚至数千个神经元活动变化的新技术）将推动这一进程。

然而，这可能会导致一个极端经验主义者的噩梦，"理解脑是如何做这些事情的"会转化为另一个问题：想弄明白关于神经网络的海量数据到底意味着什么。正如美国冷泉港实验室的安妮·丘奇兰德（Anne Churchland）在2016年所说："目前还不清楚怎样将庞大而复杂的数据简化为可被理解的形式。"

她强调，这将依靠理论来指导在数据中搜

◀ 安妮·丘奇兰德。

▶ 神经元的行动必须与整个生物体的行为相联系。

寻模式，仅仅将神经连接绘制成图谱是没有什么帮助的。最近的一项研究试图通过对一台老式计算机芯片的电路进行完整模拟来推断它的信息处理过程。该研究的结果也证明了她的这一观点。两位"顽皮"的研究人员对芯片进行了一系列神经科学风格的分析。他们失败了，这在意料之中。正如伦敦大学学院的史蒂夫·弗莱明（Steve Fleming）所评论，毕竟"仅仅因为他们有许许多多的数据，就期望利用大数据的方法取得成功，就像把笔记本电脑的后盖取下来，盯着它的连接线就期望理解微软的Word软件是如何工作的"。

神经元图谱

理论可能来自不同学科的综合，包括生物物理学和计算机科学，以及已经被较好地了解的那些神经回路的例子。但是，无论哪个脑产生了这些数据，这些理论都需要与对这个脑所属生物进行的研究同时发展。

毕竟，脑是用来调节行为的。它产生的行为在某种程度上改善了生物的前景。通常，这与"无情"的自然选择有关。对人类来说，脑有很多更模糊的好处，这些好处可能会在我们的社会互动过程中逐渐累加。

无论如何，关键的理论考量可能是我们对神经元的理解程度和对（大多数）行为的理解程度之间的差异的大小。目前，研究人员只能将神经网络与简单生物的最简单的动作联系起来，例如观察一下果蝇蛆在感觉到一阵风时会发生什么：它可能把头往后撤，也可能把头转向一边。它如何选择呢？神经元图谱与光遗传学通过打开和关闭神经元可以在细胞水平上回答这个问题。

对于任何更复杂的事情，想取得进展都要困难得多。正如约翰斯·霍普金斯大学的约翰·克拉考尔（John Krakauer）及其同事在2017年一篇批评数据驱动方法的文章中所指出的那样，"我们通常不知道与任一特定行为相关的脑组织层次是什么"。

与果蝇蛆的观察者一样，克拉考尔和他的同事也在关注非人类的脑，以及那些可以被系统性研究的行为。这些行为可能会像一只线虫在它的培养皿中移动那样简单。但是，当一只啮齿动物感觉到一只俯冲的鹰而迅速寻找掩护时，当一只蝙蝠在夜间捕捉飞虫时，当一群猕猴互相梳理毛发时，它们的脑中又会发生些什么呢？设计实验是至关重要的，它有助于确定脑的哪个层次对所关注的行为最重要。如果你误解了这一点，那么你就站到了神经生理学家大卫·马尔（David Marr）于20世纪80年代提出的一个错误的论点那边去了。他竭力主张："试图通过理解神经元来理解知觉，就像试图通过研究羽毛来理解

鸟的飞行一样。"

这些讨论的背后存在这样一个问题：理解脑的某种运作到底意味着什么？在这本书中，我经常用"脑的某一部分参与这个或那个功能"来描述这一点。事实上，每个人都这么做。但是，越来越详细地描述神经回路并不一定能增进理解。这也是对于"我们应该在多大程度上去追求简化论"这个问题的一种当代的争论（见第二章）。克拉考尔说，你无法通过研究一只甚至几只鸟来理解一群鸟所形成的群景模式，同样，你也无法通过每次研究一个神经元来理解脑。在这两种情况中，事物都是从集体中涌现出来的。

你可以把所有这些看作脑图谱绘制人员和行为研究人员在研究方法上的一个根本区别。但或许这更是一种强调。毕竟，克拉考尔及其同事仍相信，行为是脑使用某种算法加工出来的一个产物，而所有这些算法和加工都是由神经元的集合完成的。

◀ 一大群鸟组成的壮丽群景（murmuration）是从数千个个体的集体移动中涌现出来的。

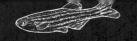

任何人都能玩吗?

数据库中充满着脑影像和神经图谱的坐标。计算机将帮助我们弄明白它们。但对于某些分析来说,人脑仍然是最好的处理器。问题是要招募到足够多的人脑。

其中一种方法是将研究向公众公开。通过在线访问数据,非专业人士可以在一些数据过剩的领域做出贡献。这些领域包括银河系天文学及研究蛋白质折叠的生物化学领域。

神经科学也参与其中。*Eyewire*是一款于2010年推出的在线游戏,玩家可以通过它来做出视网膜的电子显微图。每一轮游戏都会在一个算法的协作下沿着一个边长为4.5微米的立方体追踪一个神经元的分支。玩家可以解决迷惑计算机的模糊问题,并通过在游戏中竞争来达到新的水平。成千上万的玩家帮助建立起了第一个小鼠视网膜的三维(3D)分布图。2017年,一款绘制斑马鱼神经元的修改版游戏也问世了。

华盛顿大学的*Mozak*是一款基于浏览器

▶ 麻省理工学院的脑图谱绘制者承现峻(Sebastian Seung)帮助设计了*Eyewire*。

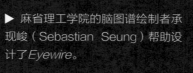

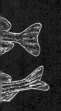

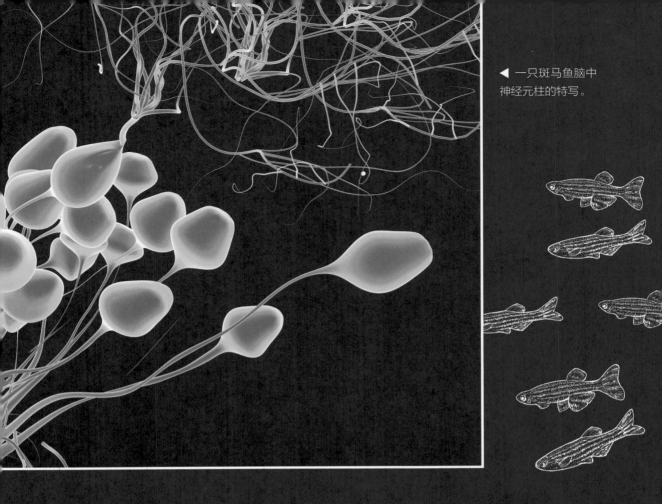

一只斑马鱼脑中神经元柱的特写。

的游戏，玩家可以根据神经元的胞体、轴突连接和树突树的形状对神经元进行分类。所有这些都千变万化，而且在单个神经元及其连接所能采用的总体形态中，还有着未知的变化。一个充分研究过这些形态的目录将有助于揭示哪种类型的细胞在脑中做了什么，以及它们是如何出错的。玩家通过对来自单个神经元的连接进行3D追踪来帮助建立起这个目录。这需要练习，而且新的贡献者会逐渐获得追踪、审查和编辑单个神经元重建的经验。每个细胞至少由5个人追踪以减小误差。专业人士当然也可以玩这款游戏，而且有些人会发现，使用游戏程序员创建的界面会使他们工作得更快。除此之外，仍有足够丰富的空间让更多的玩家参与其中。人脑中有860亿个神经元，有足够多的东西让每个人都能参与进来。

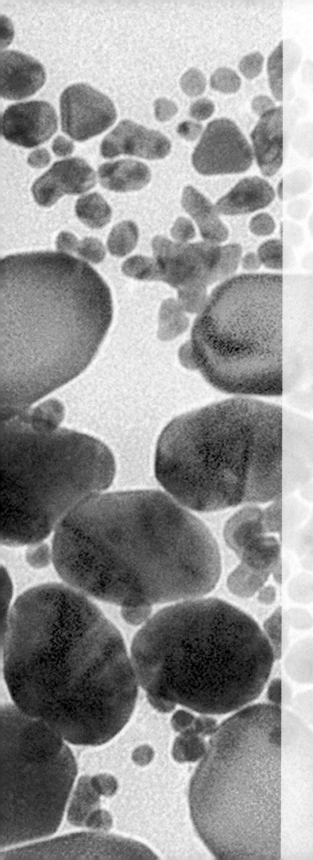

控制神经元

玩家在提高了他们的游戏水平后，还有很多工作要做，以改善对现有脑的操纵。首要目标是控制单个神经元（不光考虑单个神经元是做什么的这种小问题）。

如今的微电极可以做到这一点，但需要在颅骨上钻孔。光遗传技术（见第二章）提供了一些改进，但是如果没有光纤管，光就不能穿透到很远，而且光纤管仍然需要穿透头骨。

另一种控制方法是使用对定制化学物质而不是对光信号有反应的替代受体。对于神经元来说，这种控制方法的目的是让定制出的神经递质受体对一种新的信使做出反应。这种受体被创造性地命名为"只被设计型药物激活的设计型受体"（Designer Receptor Exclusively Activated by Designer Drugs，简称DREADD）。

其中有一个模型系统用到了已经发生了变异的乙酰胆碱受体，而这种受体是被一种叫作氯氮平-N-氧化物（clozapine-N-oxide）的非生物化合物激活的。在动物实验中，它已经被用来让目标神经元激活或抑制——这取决于所使用的特定受体。

◀ 金纳米粒子可以被包括神经元在内的细胞吸收。

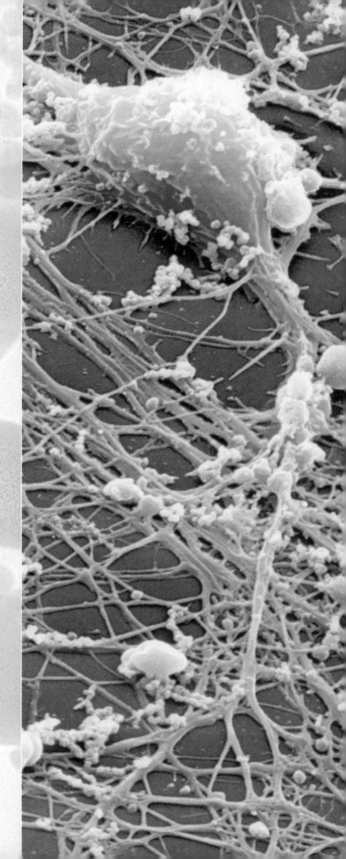

▶ 神经元在培养物中生长。

这与光遗传学有着同样的缺点，因为它涉及使用基因工程病毒来改变细胞，它还有一个额外的缺点：设计型药物是一种自由漂浮的分子，因此不能像光信号那样精确地定位目标。

金属纳米粒子

另一种选项可以"改正"这两个缺点。金属纳米粒子可以被引入细胞中，并通过电磁场甚至超声波进行加热。如果这些粒子位于神经元内部，并被适当加热，那么神经元就可能会放电。它被称为"没有遗传学的光遗传学"。

这还不是一个经过实践充分检验的想法。但是，一些研究案例（特别是金纳米粒子的研究案例）正在日渐增多。微小的金属球或棒会被涂上一层惰性涂料以减少不必要的影响，而且这些涂料可以被细胞吸收。它们暴露在激光脉冲下时则会变热。

有报道称，这种处理方法有助于在脊髓受损伤后激活神经的生长、激活神经元离子通道、促进或抑制培养物中神经元的放电。随着实验人员在处理纳米材料方面越来越有信心，我们期待听到更多关于这种对脑细胞的处理方法的信息。

脑训练

近年来，一种舒适的、非侵入性的、作用于脑的方法得到了广泛的关注。受到神经可塑性和突触增强相关研究的启发，"要么使用它，要么失去它"的原则已经被应用于脑。有些人通过设计出脑训练游戏来实现这一想法。

这些游戏引发了争议，部分原因是这些游戏的商业发行可能伴随着夸大宣传。2014年，70名神经科学家在一封公开信中指责道，"消费者被告知，玩益智游戏会让他们更聪明、更警觉，并且能更快、更好地学习"，但是支持这一观点的数据却很难获取。他们尤其对"游戏能够减缓与年龄相关的认知能力下降"这一说法持批

◀ "要么使用它，要么失去它。"

评态度。

这封信得到了一个规模略大的、有着类似资质的团体的回应，他们对这一批评提出了批评。

两组人都同意，这样的主张需要进行对照研究，但这很难实现，而要在游戏之外的领域显示出益处就更难了。也就是说，训练你的脑可能会提高你的表现水平，但可能只体现在你已经受训过的那些任务方面，也就是说这是人为的，也许对你并没有多大用处。顺便说一句，听音乐也是如此，据说所谓的"莫扎特效应"（Mozart effect）可以增强智力。它或许可以帮助你去欣赏莫扎特，但也仅此而已。

然而，关于某些电子游戏的影响，也有一些诱人的发现。2013年加州大学（University of California）进行的一项研究发现，一款名为《神经赛车手》（Neu-

roracer）的驾驶游戏，涉及多任务处理（一边驾驶虚拟汽车，一边看标识），可以把老年受试者的游戏表现提高到20多岁、未经训练的人的水平，而且它在注意力和工作记忆等方面也有更广泛的益处。

后来的一项研究表明，一款名为《游戏秀》（*Game Show*）的游戏对患有"遗忘型轻度认知障碍"（这被认为是阿尔茨海默病的早期指征）的人有益处。与具有相同症状的对照组相比，每周玩两个小时游戏的人的情景记忆有所改善。

同样，这项工作需要更大规模的后续研究，但它强化了这样一种印象，即短期内有希望实现的可能是减缓人们的认知能力下降，而不是增强每个人的脑功能。

▼《神经赛车手》的一个静态截图，这个游戏被用于研究如何提高多任务处理能力。

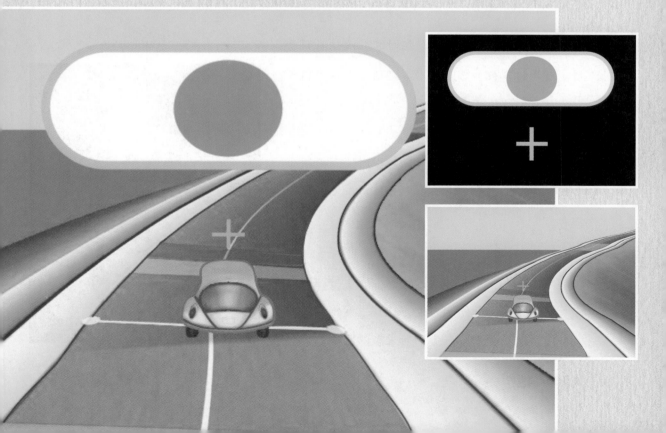

技术与脑

我们惊叹于新的技术，但对其影响却感到矛盾。对于计算机和信息技术，这通常表现为担心它们对我们的脑可能会造成什么影响。

这种担心源自对现代世界发展过快而无法应对的恐惧，但人们对于互联网和计算机游戏尤其担心。

牛津大学的神经学家苏珊·格林菲尔德（Susan Greenfield）认为，我们的脑适应于环境，而由于环境正在以前所未有的方式发生变化，因此我们应该对它会对脑产生前所未有的影响这种可

▼ 苏珊·格林菲尔德表示担心。

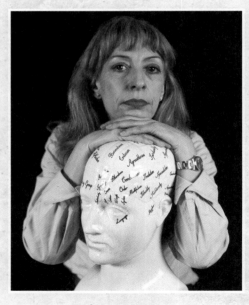

能性保持开放的态度。

她在2015年出版的《介意改变》（*Mind Change*）一书中指出，这些影响可能包括，社交网络"侵蚀"沟通技能，且削弱人们的同理心（共情）；玩游戏导致注意持续时间短的鲁莽玩家的出现；搜索引擎导致人们倾向于肤浅的浏览而不是深入的理解。

她对其中一些领域（尤其是玩游戏）的了解似乎有限，但她列出的问题确实值得研究。与其中大多数问题相关的研究都尚未完成。

一个更令人感到宽慰的看待方式是：接受这个事实——没错，互联网和其他技术正在改变我们的脑，但我们的脑一如既往地对体验做出反应。目前还不可能详细说明这些改变中，哪些是好的，哪些是坏的。最有可能的结果是，它们将提高我们颇具适应性的脑的某些能力，而削弱其他能力，例如可以上网意味着我们无须记住信息，相反，我们会优先记住在哪里找到这些信息。作为回报，我们可以获取比以往任何时候都更多的信息。

另一个关于我们的脑与技术之间关系的观点也更积极。哲学家安迪·克拉克（Andy Clark）将技术（我们的脑让我们创造出来的东西）看作脑扩大其影响范围的方式。被增强了的脑（或者用他的话说是"被扩展了的心智"）之所以存在，是因为我们的脑已经进化到了允许技术来对它做某种自我更新的程度。书写、算盘、时钟、地图、口袋计算器，以及可联网的智能手机……我们把过去曾经需要依靠我们的脑来完成的任务"委托"给了这些更方便的设备。是偷懒吗？不是的！我们应该将其看作某种逐渐"外包"的认知增强过程。

▼ 驾驶现代飞机的飞行员将许多信息处理加工的工作"外包"了出去。

脑插件

如果暂时还无法将你的思维上传到一台巨大的计算机里，那么反过来操作呢？与一台计算机连接，将信息输入你的脑里如何？

科幻小说家威廉·吉布森（William Gibson）在1984年的小说《神经漫游者》（*Neuromancer*）中创造了赛博空间（cyberspace）一词并描述了未来人类的"植入"技术。在这之后，绕过人机界面而直接与一台计算机连接的想法点燃了一些人的希望。最近的一位是高科技企业家埃隆·马斯克（Elon Musk）。他在2017年创办了一家名为Neuralink的新企业，旨在制造一种"神经蕾丝"以与脑相结合，并且与单个突触进行互动。

该公司最初的重点是为有脑损伤的人制造类似于人工耳蜗的设备，以绕过受损耳部而通过耳内的神经来帮助

他们恢复听力，及为视网膜疾病患者制造可提供微弱视力的实验性设备。

然而，"神经蕾丝"必须与更深的脑组织进行整合，并且建立起更多的连接。目前，将神经元连接到计算机芯片上的实验，或使用从干细胞中生长出来的神经元的计算机电路，都是小规模的，只能在实

◀ 威廉·吉布森——《神经漫游者》的作者。

▶ 埃隆·马斯克——"神经蕾丝"的发明者。

▶ 人工耳蜗能够让许多失聪的人恢复对声音的敏感度。

验室里进行。没有人知道这样的实体设备在真实的脑中会有怎样的效果，而且活体组织经常对人工植入物产生不良反应。

该公司还没有说明他们认为什么技术可以帮助制造出足够小的东西来从内部与脑进行交互。事实上，我们对信息如何以脑可以用得上的方式来编码也知之甚少，而对该公司要如何解决这一问题更不清楚。

与马斯克的这一愿景相关的任何进展，很可能首先要将脑产生的信号传输到外部设备上，而不是反过来。美国国防部高级研究计划局也有相关项目可能会对此有所贡献。

不过，马斯克有一个比更好地控制武器系统更高层次的目标。他相信，"神经蕾丝"总有一天会成为我们与人工智能进行有效沟通的关键，而那种人工智能还有待建立，且其能力将远超人类。也许当我们有了上述其中一个的时候，我们也将会拥有另一个。

延伸的感官

脑机接口在很大程度上仍处于推测阶段，但一种更基本的方法已经显示出了延伸我们感官的希望。

斯坦福大学的大卫·伊格曼（David Eagleman）认为，脑有一种广泛的能力，可以处理我们的感官额外或"另类"输入的信息。而且，我们可以适应新的输入，就像盲人可以通过触摸学习阅读盲文一样。

伊格曼认为，将其他输入信号转换成触觉模式，可以把我们的感官延伸到新的领域。最终，所有的感觉都是脑中的电化学活动，不管它是如何被刺激的。

他的实验室已经试验了一种可穿戴式马甲（一种多功能超感转换器），它由几十个振动的微型马达组合而成。如果把这些连接到一个系统，而这个系统可以将声音转换成在背部和胸部能感觉到的振动模式，那么失聪的人就能学会解码口语。与盲文的文本不同，声音没有被编码，只是被分解成不同的频率。

▲ 大卫·伊格曼展示了这款可穿戴式马甲——一种多功能超感转换器。

但为什么要止步于感觉替代呢？伊格曼和他的同事们想尝试将马甲的马达阵列与其他的数据流连接起来。他们相信它可以被用来产生全新的感觉。其他生物可以看到红外线，或听到超声波。我们为什么不能呢？

一些推测性的应用可以为那些想要控制复杂系统的人提供服务，比如可以用来在虚拟现实游戏中通过触摸来获取游戏里的环境信息。其中一项应用实验将可穿戴式马甲与遥控无人直升机的数据流连接起来，这样穿可穿戴式马甲的人就能感觉到它的运动，并做出比仅仅在地面上观察机器的人更快的反应。伊格曼说，有一天，宇航员可能会"感觉到"国际空间站的状态，而不是通过读取控制台的读数来获知。或者一位正在演讲的人可以与Twitter的实时评估连接，这样他或许能及时获悉全球的反应。

一家众筹公司正在开发一款应用更广的可穿戴式马甲，其中涉及一些精巧的工程设计。总体原则听起来很强大：把脑当成一种通用的计算设备，然后决定你想尝试什么样的新输入。

▼ 一件神经背心可以被很方便地穿在一套宇航服里面。

那么，一个脑最像是什么？

　　成为另一个人（或蝙蝠）是什么样的体验？这是哲学家们喜欢提出的问题，但研究"脑是什么样的"，也很吸引人。

　　以上就是我们用我们的脑，以及所有来自它的体验所做的事情。给我们看一些我们还不太理解的东西，我们的脑会试着去想它们可能像什么。关于脑的各种答案，通常是我们当时所知道的最复杂和最聪明的想法。

　　笛卡尔被17世纪为法国国王制造的水力自动机震惊了，他提出脑和神经可能与液压机类似。到了19世纪，有些出乎意料的是，人们把脑比作一台钢琴，正在演奏一段由"皮质振动"引起的旋律。也有人认为，单个细胞是钢琴的琴键，它们的一小部分就能演奏出无限的音乐。

　　后来，脑被比喻成铁路交换系统、自动化工作的工厂、电话交换机，以及谢灵顿那正在编织着不断变化的神经模式的"魔法织布机"。

　　事实上，当人们试图去理解脑时，人类最复杂的创造力就被唤醒了。在对脑的比喻中，城市和局部地区的比喻格外受欢迎。摄影术影响了人们对脑的记忆的思考，而对脑的全息摄影的比喻也曾风靡一时。还有人把脑比喻成留声机唱片和电报信号。神经元的功能也曾被比作电子管，等等。

近年来，计算机提供了许多关于脑功能的比喻。我们现在知道，脑在很多方面不同于那种一次执行一条指令的数字计算机的标准模型。那其实并不太重要。比喻和类比是用来帮助人们产生想法并加以检验的。此外，计算机提供的比喻在有其他东西取代它之前还不太可能消失。至于取代它的东西是什么，这可能是未来的神经科学家要思考的问题。

现在，我的桌子上放着一篇有趣的论文，是关于当不同领域的比喻被唤起时脑哪些部分处于活跃状态的。例如，"踢掉一个习惯（Kicking a habit）"，似乎会让人产生真正去踢的想法，或至少涉及了大脑皮质的运动区。或许有一天，我们应该将脑部扫描带到"用脑来思考脑"这个循环问题的下一个循环中，去研究脑是如何加工关于脑自身的比喻的。

原著索引

Entries in *italic* indicate books unless otherwise stated.

图片来源

Every effort has been made to trace copyright holders and to obtain their permission for the use of copyright material. The publisher apologizes for any errors or omissions and would be grateful if notified of any corrections that should be incorporated in future reprints or editions of this book.

Illustrations by Geoff Borin on pages 23, 25, 40, 41, 53, 60, 82–3, 87, 100, 101, 103, 111, 116–17, 123, 125, 139, 141, 161, 189, 209, 225, 273.

Page 34: © Lichtman Lab, Harvard University.

Page 35: © The American Association for the Advancement of Science (AAAS). Image courtesy of Universität Göttingen.

Page 61: © Legado Cajal.

Page 84: The Developing Human Connectome Project.

Pages 90 & 91 (b): From "Sex differences in the structure connectome of the human brain" by Madhura Ingalhalikar, Alex Smith, Drew Parker, Theodore D. Satterthwaite, Mark A. Elliott, Kosha Ruparel, Hakon Hakonarson, Raquel E. Gur, Ruben D. Gur, and Ragini Germa, PNAS 2014 January.

Page 117 (tr): © Allen Institute.

Page 187 (t): © Jacopo Annese, Ph.D, The Brain Observatory.

Page 191: © Furukama Laboratory, Cold Spring Harbor Laboratory.

Pages 218–19: © Alexander Huth/The Regents of the University of California, courtesy of Jack Gallant.

Page 258 (tl): © Emory University, courtesy Helen S. Mayberg.

Page 259: Michael Konomos, MS, CMI, © 2014 Emory University.

Page 281 (b): © Wyss Center.

Page 303 (b): University of California, San Francisco.

Science Photo Library

13 (l), 20 (t), 24 (tr), 27, 30 (b), 31 (t), 32–3, 42 (t & b), 44–5, 54 (t), 56 (t & b), 58, 63 (t), 64 (tr), 65 (b), 68 (bl), 82 (tr), 98, 102–3 (t), 105 (t), 108, 109, 110, 112, 113, 114–15 (t), 122, 138 (tl & bl), 140, 143, 145 (t & b), 147 & inset, 156 (bl), 157 (t), 159 (b), 165 (b), 172 (t & b), 179 (tr), 190, 192, 194 (bl), 195, 196, 197 (c), 204, 206 (t & b), 208 (bl), 213 (t), 215 (r), 224, 226 (t), 230 (tl), 235

(tr), 236 (b), 238 (b), 239 (b), 240–1, 242 (t), 243 (t), 244, 245, 246 (c & b), 247, 253 (tr & bl), 255 (t & b), 257, 260, 262, 264 (b), 268, 269 (t & b), 272 (tr), 274 (b), 278 (b), 279 (t), 282 (t), 288, 290 (b), 291 (b), 292, 293, 298–9 (t), 300, 301, 304 (t), 307 (r).

Alamy

10 (tr), 11 (br), 12 (bl), 13 (br), 15 (bl & br), 16, 17 (br), 18 (t & b), 19 (b), 21 (t & b), 57, 59, 273 (tr), 306 (br).

Getty

10 (b), 22, 23 (tl), 24 (bl), 29 (t & b), 38 (c), 46, 73, 78 (br), 130, 169, 170, 187 (b), 189 (c), 193, 207 (t), 208 (tr), 223 (t), 229, 236 (t), 251, 265, 270, 280 (t), 284 (bl & br), 294, 298 (b), 304 (b), 306 (bc), 308 (cr).

iStock

8, 15 (bc), 28, 75, 79 (br), 80 (bl & br), 121, 129, 144, 159 (t), 216, 242–3 (b), 252, 261.

Shutterstock

6–7, 11 (bl), 12 (r), 14 (l & r), 18–19, 31 (l), 33 (t & b), 36, 38 (t & b), 39, 40–1, 43, 44 (l), 45 (r), 47, 48, 49, 50–1 (t & b)), 52, 53 (b), 54–5, 55 (t), 62–3 (b), 64–5, 66, 68 (br), 69, 70–1, 72 (t), 72–3, 74, 76–7, 78–9 (b & t), 80 (c), 81, 85 (tr), 86, 87 (b), 88 (t & b), 89, 90–1, 90 (c), 91 (c), 92, 93, 94 (t & b), 95, 96 (t & b), 97 (b & r), 100–1, 103 (br), 104 (tr), 104–5, 106, 107, 115 (b), 118, 120–1, 124 (tl & tr), 126 (t), 127, 128, 131, 132–3, 134 (b), 134–5, 135 (r), 136–7, 137 (b), 141 (bl), 142, 148 (tr & bl), 149, 150–1 (t & b), 151 (c), 152–3, 153 (b), 154, 156–7, 159 (c), 160, 162–3, 163 (t), 164 (t), 164–5, 165 (c), 166–7, 168, 171, 173, 174–5, 175 (b), 176–7, 178–9, 180, 182, 183, 184–5, 186 (t & c), 188, 194 (tr & br), 197 (r), 198 (t), 198–9, 199 (b), 200, 201, 202–3, 203 (t), 207 (b), 210–11, 210 (b), 212 tl & bl), 213 (r), 214 (tr), 214–15, 217, 220, 222 (b), 222–3, 226–7, 227 (b), 228, 230–1, 231 (bl & tr)), 232–3, 234 (cr & bl), 234–5, 237, 238–9, 240 (t), 241 (b), 248, 248–9, 252–3, 254, 256, 258 (bl), 263, 264 (tl), 266, 267, 272–3, 274 (t), 275, 276, 277, 278–9, 280–1, 282 (b), 283, 285, 286–7 (b), 287 (t), 290–1, 295 (t & c), 296–7, 298–9, 302, 303 (tl), 305, 306–7, 308–9, 309 (b), 310 (t, c, & b), 311 (l & r), all other background effects not directly listed.